中国钢铁工业发展报告

The Chinese Steel Industry Annual Report

中国钢铁工业协会

2023

北京

冶金工业出版社

2023

图书在版编目(CIP)数据

中国钢铁工业发展报告. 2023/中国钢铁工业协会编. —北京：冶金
工业出版社，2023.7

ISBN 978-7-5024-9546-6

Ⅰ. ①中… Ⅱ. ①中… Ⅲ. ①钢铁工业—经济发展—研究报告—
中国—2023 Ⅳ. ①F426.31

中国国家版本馆 CIP 数据核字（2023）第 129936 号

中国钢铁工业发展报告 2023

出版发行	冶金工业出版社	**电　话**	（010）64027926
地　　址	北京市东城区嵩祝院北巷 39 号	**邮　编**	100009
网　　址	www.mip1953.com	**电子信箱**	service@mip1953.com

责任编辑　曾　媛　美术编辑　彭子赫　版式设计　郑小利
责任校对　李　娜　责任印制　禹　蕊
北京捷迅佳彩印刷有限公司印刷
2023 年 7 月第 1 版，2023 年 7 月第 1 次印刷
787mm×1092mm　1/16；15.25 印张；247 千字；237 页
定价 300.00 元

投稿电话　（010）64027932　投稿信箱　tougao@cnmip.com.cn
营销中心电话　（010）64044283
冶金工业出版社天猫旗舰店　yjgycbs.tmall.com
(本书如有印装质量问题，本社营销中心负责退换)

前　　言

2022年，钢铁行业以习近平新时代中国特色社会主义思想为指导，全面贯彻落实党的二十大精神及中央经济工作会议精神，各钢铁企业努力克服经济下行、需求收缩、成本上升带来的不利影响，积极应对新冠病毒疫情造成的冲击，紧紧围绕"稳生产、保供给、控成本、防风险、提质量、稳效益"的工作目标，深化改革，主动出击，攻坚克难，大胆创新，行业整体保持平稳向好的发展态势，为保障国民经济和钢铁产业链健康发展作出了重要贡献。

为详细记录一年来钢铁行业发生的重大变革及取得的丰硕成果，让行业内外更多的读者了解中国钢铁、认识中国钢铁、关注中国钢铁、记住中国钢铁，中国钢铁工业协会组织行业专家从不同角度对2022年钢铁行业运行情况，以及进步和发展情况进行了归纳总结，同时结合行业热点，新增加了超低排放和极致能效工程情况，以飨读者。

当前，行业正处在加快建设钢铁强国、努力实现高质量发展的攻坚阶段。《中国钢铁工业发展报告》将在党的二十大精神和习近平新时代中国特色社会主义思想的指引下，按照行业重点工作任务目标，为实现中国钢铁工业的健康发展和持续繁荣贡献力量，共同开创中国钢铁的美好未来！

目　　录

第1章
2022年中国钢铁行业运行情况

　　2022年是承前启后的关键一年。这一年，党的二十大胜利召开，新思路、新战略、新举措绘就了全面建设社会主义现代化国家的宏伟蓝图。这一年，中国钢铁转型升级不断加速，产业链水平持续提升，绿色发展成果大量涌现，高质量发展之路越走越快，越做越实。这一年，百年变局加速演进，国际政治经济形势动荡不安，疫情影响反复持续，经济下行、需求不振形成少见的市场冲击，对钢铁行业稳定运行带来巨大挑战。面对复杂的经营环境和市场形势，钢铁行业在以习近平同志为核心的党中央的坚强领导下，坚持全面贯彻新发展理念，理性判断市场形势，积极适应市场变化，多措并举降本增效，行业运行总体保持相对平稳，为稳定国民经济发展和全面满足市场需求发挥了重要作用。

一、宏观经济大盘总体稳定

　　2022年我国国内生产总值（GDP）为1210207亿元。按不变价格计算，比上年增长3.0%。按年平均汇率折算，我国GDP总量约为18.0万亿美元，稳居世界第二。分产业看，第一产业增加值88345亿元，增长4.1%，拉动经济增长0.3个百分点；第二产业增加值483164亿元，增长3.8%，拉动经济增长1.4个百分点；第三产业增加值638698亿元，增长2.3%，拉动经济增长1.3个百分点。第二产业对GDP的贡献高于第一、第三产业。

　　工业对经济增长拉动作用较强，"压舱石"作用显现。2022年，工业增加值同比增长3.6%。分三大门类看，采矿业增加值同比增长7.3%，制造业增长 3.0%，电力、热力、燃气及水生产和供应业增长 5.0%。2022 年全年，第二产业对经济增长的支持力度较大，主要与工业、建筑业生产韧性较强，对经济增长的拉动作用较为显著有关。工业增加值比上年增长 3.6%，拉动经济增长 1 个百分点左右，其中制造业增加值比上年增长 2.9%，拉动经济增长 0.8 个百分点，占 GDP 的比重为 27.7%，比上年提高 0.2 个百分点；建筑业增加值比上年增长 5.5%，拉动经济增长 0.4 个百分点。仅工业对 GDP 增长的拉动就达到了 1 个百分点，接近于第三产业对 GDP 增长的拉动。

固定资产投资保持稳步增长态势，基础设施、"大项目"、国有控股拉动作用显著。 2022 年，全国固定资产投资（不含农户，下同）572138 亿元，比上年增长 5.1%，增速较上年同期加快 0.2 个百分点。从投资对经济增长的贡献看，四季度资本形成总额拉动 GDP 增长 3.9 个百分点，全年资本形成总额对经济增长贡献率为 50.1%，拉动 GDP 增长 1.5 个百分点。投资对经济增长的拉动作用持续增强。分产业看，第一产业投资 14293 亿元，比上年增长 0.2%；第二产业投资 184004 亿元，比上年增长 10.3%；第三产业投资 373842 亿元，比上年增长 3.0%。第二产业投资增速高于第一、第三产业和城镇固定资产投资平均增速，是拉动固定资产投资增长的主力。第二产业中，工业投资同比增长 10.3%。其中，采矿业投资增长 4.5%，制造业投资增长 9.1%（增速比全部投资高 4.0 个百分点），电力、热力、燃气及水生产和供应业投资增长 19.3%。第三产业中，基础设施投资（不含电力、热力、燃气及水生产和供应业）同比增长 9.4%，增速较上年同期加快 9.0 个百分点。其中，水利管理业投资增长 13.6%，公共设施管理业投资增长 10.1%，信息传输业投资增长 9.3%。基础设施投资增速逐月加快，对投资及经济增长的拉动作用较为显著。2022 年计划总投资亿元及以上项目（简称"大项目"）投资比上年增长 12.3%，增速比上年提高 5.4 个百分点；拉动全部固定资产投资增长 6.2 个百分点，比上年提高 2.8 个百分点。"大项目"对经济增长的拉动作用较上年有所提升。全年民间投资 310145 亿元，同比增长 0.9%。民间投资占全国固定资产投资比重为 54.21%，占比较上年同期下降 2.29 个百分点。民间投资累计同比增速及占固定资产投资比重均达到了国家统计局 2012 年公布民间投资额以来的最低值。国有控股固定资产投资完成额同比增长 10.1%，增速较上年同期加快 7.2 个百分点。国有控股投资增速超过固定资产投资平均增速及民间投资增速，是拉动固定资产投资增长的主力。

房地产业产销及资金状况均较为困难。2022 年，房地产开发投资累计完成额 132895 亿元（占固定资产投资完成额比重为 23.23%，占比较上年同期下降 3.88 个百分点），同比下降 10.0%，上年同期为同比增长 4.4%。房地产开发投资累计同比降幅达到 1995 年以来最低水平。房地产建设三大主要指标延续下降态势。其中，房屋施工面积 904999 万平方米，比上年下降 7.2%。房屋新开工面积 120587 万平方米，比上年下降 39.4%。房屋竣工面积 86222 万平方米，比上年下降 15.0%。商品房销售及到位资金同比降幅继续扩大，待售面积增长。商品房销售面积 135837 万平方米，同比下降 24.3%。商品房销售额 133308 亿元，比上年下降 26.7%。商品房待售面积 56366 万平方米，比上年增长 10.5%。房地产开发企业到位资金 148979 亿元，同比下降 25.9%。各类型贷款均呈现下降态势，其中，国内贷款 17388 亿元，下降 25.4%；利用外资 78 亿元，下降 27.4%；自筹资金 52940 亿元，下降 19.1%；定金及预收款 49289 亿元，下降 33.3%；个人按揭贷款 23815 亿元，下降 26.5%。

2022 年全年，我国 GDP 总量稳居世界第二。第二产业对经济增长的贡献率高于第一、第三产业，对经济增长的拉动作用较强。工业经济保持平稳增长态势，总体保持在合理区间。按三大门类看，采矿业增加值增速明显高于其他两大门类。固定资产投资规模继续扩大，基础设施、"大项目"、国有控股拉动作用显著。总体看，宏观经济大局保持稳定，但世界经济增长动能在趋缓，全球贸易形势不容乐观，世界经济可能面临滞胀局面；国内经济恢复的基础还不牢固，房地产业运行困难较大，经济恢复的变数仍然存在。

二、供需基本均衡，行业总体运行平稳

（一）钢产量下降，钢筋、线材、棒材减量较大

2022 年，全国生产铁 86382.8 万吨，较上年下降 0.5%；生产钢 101795.9 万吨，较上年下降 1.7%；生产材（含重复材）134033.5 万吨，较上年增长 0.3%（表 1-1）。

2022 年，全年生产焦炭 47344 万吨，较上年增长 1.9%；铁矿石原矿 96787 万吨，较上年下降 1.0%；铁合金 3410 万吨，较上年下降 3.4%（表 1-2）。

2022 年，中国钢铁协会（以下简称"钢协"）会员企业生产铁、钢、材分别为 7.29 亿吨（同比增长 0.03%）、8.15 亿吨（同比下降 2.07%）和 8.02 亿吨（同比下降 0.50%）。

表 1-1　2020-2022 年我国铁、钢、材产量　　　　　万吨，%

种类	2020 年		2021 年		2022 年	
	产量	增速	产量	增速	产量	增速
铁	88897.61	10.0	86856.78	−2.3	86382.80	−0.5
钢	106476.68	7.0	103524.26	−2.8	101795.90	−1.7
材	132489.18	10.0	133666.83	0.9	134033.50	0.3

数据来源：国家统计局。

表 1-2　2022 年主要钢铁产品产量　　　　　　万吨，%

种　类	2022 年	2021 年	增减幅
铁	86382.80	86856.78	−0.5
钢	101795.90	103524.26	−1.7
材	134033.50	133666.83	0.3
焦炭	47343.64	46445.78	1.9
铁矿石	96787	97765	−1.0
铁合金	3410	3530	−3.4

数据来源：生铁、钢、钢材、焦炭产量数据来源于国家统计局，其他产品产量数据来源于《中国钢铁统计》。

从分品种产量同比增减量情况看，2022 年期间，钢筋、线材、棒材 3 个品种合计同比减少 3840 万吨，降幅 7.6%。全年产量累计实现增产的品种前五位分别为热轧薄宽钢带、中厚宽钢带、中小型型钢、镀层板（带）、大型型钢，五个品种合计增产 2750 万吨，增幅 6.6%。

分省市看，2022 年全国钢产量排名前三位的河北、山西、江苏三省合计生产钢 3.9 亿吨，占全国钢产量比重 38.7%。这三省钢产量合计同比减少

1933.9 万吨，钢产量减量占全国钢产量减量合计的 89.0%，其中河北一省钢减产量就占到了全国减产总量的 67.3%。

（二）企业库存处在高位，社会库存处在合理区间

2022 年 12 月下旬，21 个城市五大品种钢材社会库存合计 752 万吨，较上年同期减少 32 万吨，降幅 4.6%。五大品种社会库存下降到 2020 年以来最低水平。

同期，重点统计钢铁企业钢材库存量 1305.66 万吨，较上年同期增加 175.97 万吨（增幅 15.58%）。与往年相比处于相对高位，钢材企业库存上升到 2020 年以来的同期最高值，市场需求不及预期，企业库存压力加大。

（三）供给主动适应需求的下滑，供需基本均衡

2022 年累计折合钢表观消费量 9.66 亿吨，同比下降 3.0%。同期钢产量 10.18 亿吨，同比下降 1.7%。从下游行业情况看，房地产行业各项指标持续下降，机械、汽车行业总体保持增长但增幅较小，船舶行业三大造船指标一升两降，主要用钢行业钢材消费强度下降。市场需求不及预期，钢铁企业为适应市场变化主动把控生产节奏、调整品种结构，在实现供需平衡方面作出了努力，取得了一定效果，实现了供需基本平衡。

（四）中国钢产量下降，占世界比重下降

从全球看，2022 年世界钢产量约为 18.85 亿吨，同比下降 3.9%[①]，其中中国内地钢产量占世界钢产量的比重为 54.01%，占比较上年下降 1.25 个百分点。

2022 年，排名前 10 位产钢国家与上年变化不大，其中，中国已经连续 27 年位居第 1 位，德国钢产量超过土耳其，列第 7 位（表 1-3）。

全世界前 10 大产钢国家中，除印度、伊朗外，其余国家钢产量较上年均有不同程度下降。钢产量降幅最大的是土耳其，较上年下降 12.5%。由于土耳其钢产量同比降幅过大，导致其钢产量排名被降幅低于前者的德国超越（表 1-4）。

---

① 数据来源于世界钢铁协会。

表 1-3　　　2020-2022 年全球钢产量前 10 位国家　　百万吨

排名	1	2	3	4	5	6	7	8	9	10
2020 年	中国	印度	日本	美国	俄罗斯	韩国	土耳其	德国	巴西	伊朗
	1064.8	100.3	83.2	72.7	71.6	67.1	35.8	35.7	31.0	29.0
2021 年	中国	印度	日本	美国	俄罗斯	韩国	土耳其	德国	巴西	伊朗
	1035.2	118.2	96.3	85.8	77.0	70.4	40.4	40.1	36.1	28.3
2022 年	中国	印度	日本	美国	俄罗斯	韩国	德国	土耳其	巴西	伊朗
	1018.0	125.3	89.2	80.5	71.5	65.8	36.8	35.1	34.1	30.6

注：表中中国为中国内地，不包括港澳台地区。
数据来源：国家统计局，世界钢铁协会。

表 1-4　　2022 年全球钢产量前 10 位国家钢产量及增长率　　百万吨，%

排　名	1	2	3	4	5	6	7	8	9	10
国　家	中国	印度	日本	美国	俄罗斯	韩国	德国	土耳其	巴西	伊朗
产　量	1018.0	125.3	89.2	80.5	71.5	65.8	36.8	35.1	34.1	30.6
增长率	−1.7	6.0	−7.4	−6.2	−7.1	−6.5	−8.9	−12.5	−5.5	8.1

注：表中中国为中国内地，不包括港澳台地区。
数据来源：国家统计局，世界钢铁协会。

（五）整合步伐取得新进展，行业集中度有所上升

钢铁行业整合步伐又取得新进展，宝武与新余钢铁实现联合重组，进一步促进了钢铁产业集中度的提升。通过兼并重组，钢铁行业资源得到整合，产业集中度进一步提高。

2022 年钢产量排前 10 位的钢铁企业分别是中国宝武、鞍钢集团、沙钢集团、河钢集团、建龙集团、首钢集团、山钢集团、华菱集团、德龙集团、方大钢铁。钢产量排名前 10 位的企业（CR10）合计产量为 4.34 亿吨，占全国钢产量的 42.8%，比 2021 年提升 1.36 个百分点；排名前 20 位的企业（CR20）合计产量为 5.72 亿吨，占全国钢产量的 56.5%，比 2021 年提升 1.59 个百分点。

三、钢材出口同比略有增长，进口降幅明显

2022 年，我国累计出口钢材 6732 万吨，同比增长 0.9%（表 1-5）。2022 年钢材出口同比略有增长，从各月出口情况看，1-4 月各月出口量均少于上年同期。5-12 月期间，除 9 月外的各月出口量不仅高于上年同期，且达到了 2019 年同期最高水平。总体看，2022 年钢材出口经历了四个阶段，第一阶段是 1-4 月，该阶段特点是钢材当月出口量波动上升，并逐步达到当年单月出口最高水平，这一阶段主要受俄乌冲突影响；第二阶段是 6-9 月，该阶段特点是钢材当月出口量逐月下降，至 9 月达到年内最低值；第三阶段是 10-12 月，该阶段特点是钢材当月出口量有所回升。6-12 月期间，钢材出口逐步回归至正常水平。

表 1-5　2018-2022 年我国钢材、钢坯出口情况　　　　　　　　万吨

种类	2018 年	2019 年	2020 年	2021 年	2022 年
钢坯（锭）	1.00	4.00	1.76	3.60	102.72
钢材	6934	6429	5367	6690	6732

数据来源：海关总署。

2022 年，累计进口钢材 1057 万吨，同比下降 25.9%；累计进口钢坯 637 万吨，同比下降 53.5%；累计进口铁矿砂及其精矿 110686 万吨，同比下降 1.5%（表 1-6）。

表 1-6　2018-2022 年我国进口钢材、铁矿石情况　　　　　　　万吨

种类	2018 年	2019 年	2020 年	2021 年	2022 年
钢坯（锭）	105	306	1833	1372	637
钢材	1317	1230	2023	1427	1057
铁矿砂及其精矿	106447	106895	117010	112432	110686

数据来源：海关总署。

2022 年我国钢材折合钢净出口量 5336 万吨，明显超过 2020 年（1643 万吨）、2021 年（4045 万吨）净出口量，已恢复至疫情暴发前（2019 年）的水平。

钢材进出口价格方面，2022 年各月出口均价在 1300-1600 美元/吨之间

波动，进口均价在 1400-1700 美元/吨波动。2022 年 2 月起，钢材进口均价超过出口均价，进出口均价价差波动扩大，由每吨相差 110 美元最高上涨到 429 美元。受国际市场价格较高拉动，我国钢材进出口价格均同比上涨。全年累计出口平均价格 1434 美元/吨，同比上涨 17.2%；累计进口钢材平均价格为 1617 美元/吨，同比上涨 23.2%（图 1-1）。

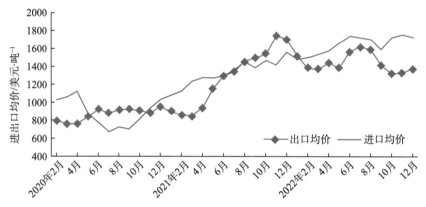

图 1-1　2020-2022 年各月钢材进出口均价情况
数据来源：海关总署

四、钢材价格年内先升后降，整体低于上年

2022 年 12 月末，中国钢材价格指数（CSPI）为 113.25 点，比上年同期下降 18.45 点（表 1-7）。其中，CSPI 长材指数为 118.67 点，比上年同期下降 18.60 点；CSPI 板材指数为 112.91 点，较上年同期下降 15.86 点。

表 1-7　2018-2022 年国内钢材价格指数情况

种类	2018 年末	2019 年末	2020 年末	2021 年末	2022 年末
综合	107.12	106.10	129.14	131.70	113.25
长材	113.26	109.70	128.63	137.27	118.67
板材	102.94	104.55	133.22	128.77	112.91

注：各年年末数据为该年最后一周数据。
数据来源：《国际、国内市场价格及指数》。

2022 年从月度走势看，总体上呈现震荡下行态势，年末出现企稳回升之势。2022 年，CSPI 钢材综合指数平均值为 123.36 点，较上年下降 19.48

点。从近五年综合指数平均值看，2022 年综合指数在五年内排名第二位。从 CSPI 综合指数各月情况看，2022 年 4 月起，综合指数当月均值均低于上年同月，二者差距在 9 月达到最大值。10-12 月，2022 年各月综合指数与上年同期差距逐步缩小。从全年变化看，CSPI 钢材综合指数在 1-7 月总体呈波动下降态势，8 月综合指数略有回升，9-11 月综合指数继续下降至年内最低值，12 月再次回升至 9 月水平。2022 年 CSPI 钢材综合指数变化与钢材供需变化及主要原燃料成本的变化有关。

2022 年，八大钢材品种平均价格较上年均有不同程度下降，均价降幅最为明显的钢材品种为冷轧薄板。其中高线 4593 元/吨（同比下降 12.2%）、螺纹钢 4336 元/吨（同比下降 12.0%）、角钢 4685 元/吨（同比下降 11.5%）、中厚板 4595 元/吨（同比下降 13.6%）、热轧卷板 4521 元/吨（同比下降 15.4%）、冷轧薄板 5040 元/吨（同比下降 16.9%）、镀锌板 5380 元/吨（同比下降 15.0%）、热轧无缝管 5652 元/吨（同比下降 6.7%）。

五、进口铁矿石量价双降，燃料成本明显上升

受全球通胀压力上升、国际大宗商品价格波动加剧影响，钢铁生产用燃料价格快速上涨。2022 年钢铁生产所需的原燃料采购价格有升有降，国产铁矿石及进口铁矿石采购成本较上年有较大幅度下降，主要燃料采购价格有不同程度上涨，涨幅在 2%-25% 之间。其中，国产铁精矿 823 元/吨，同比下降 26.06%；进口粉矿 841 元/吨，同比下降 24.16%；炼焦煤 2374 元/吨，同比上涨 24.91%；冶金焦 2925 元/吨，同比上涨 2.19%；喷吹煤 1676 元/吨，上涨 24.31%；动力煤 1103 元/吨，上涨 6.21%；废钢 3089 元/吨，同比下降 4.67%。长流程企业炼铁成本中首次出现煤焦成本高于矿石成本的情况，对钢铁企业降本增效形成较大压力。

从铁矿石供应情况看，2022 年国内累计生产铁矿石 9.68 亿吨，同比下降 1.0%。累计进口铁矿石 11.07 亿吨，同比下降 1.5%；进口额 1281 亿美元，同比下降 29.7%；累计进口均价 115.7 美元/吨，同比下降 28.6%（表 1-8 和图 1-2）。

表 1-8 2018-2022 年进口铁矿石平均价格 美元/吨

指标	2018 年	2019 年	2020 年	2021 年	2022 年
铁矿石	71.0	94.9	101.7	164.3	115.7

数据来源：海关总署。

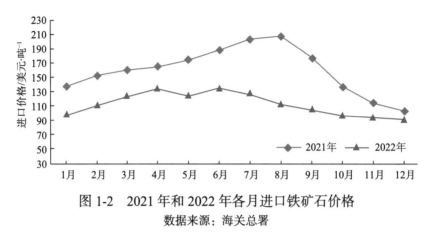

图 1-2　2021 年和 2022 年各月进口铁矿石价格

数据来源：海关总署

2022 年底，进口铁矿石港口库存为 1.32 亿吨（图 1-3），同比下降 15.62%，与年内最高值相比下降 17.00%。

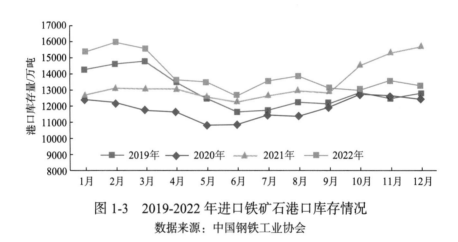

图 1-3　2019-2022 年进口铁矿石港口库存情况

数据来源：中国钢铁工业协会

六、铁矿投资大幅增长，行业投资结构持续优化

2022 年 1-12 月累计，黑色金属冶炼和压延加工业投资累计同比下降 0.10%（图 1-4），上年同期为同比增长 14.6%。同期制造业投资增速为同比增长 9.1%，低于制造业投资平均增速 9.2 个百分点。

黑色金属矿采选业固定资产投资累计完成额同比增长 33.3%（图 1-5），增速较上年同期加快 6.4 个百分点。黑色金属矿采选业固定资产投资累计同比增速分别超过全国固定资产投资和制造业投资平均增速 28.2 个百分点和 24.2 个百分点。

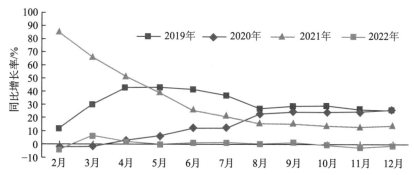

图1-4 2019-2022年黑色金属冶炼和压延加工业固定资产投资累计同比增长率情况
数据来源：国家统计局

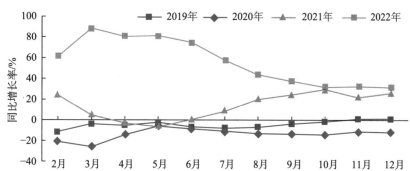

图1-5 2019-2022年黑色金属矿采选工业固定资产投资累计同比增长率情况
数据来源：国家统计局

民间投资中，2022年1-12月，投向黑色金属冶炼和压延加工业固定资产投资累计同比下降0.2%（图1-6），上年同期为同比增长22.2%；投向黑色金属矿采选业固定资产投资累计完成额同比增长27.9%（低于行业平均增速5.4个百分点），增速较上年同期加快6.0个百分点。

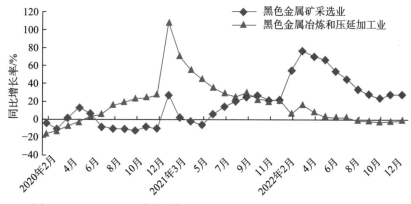

图1-6 2020-2022年钢铁工业民间投资累计同比增长率情况
数据来源：国家统计局

2022 年期间，黑色冶炼业投资增速最终下降到负增长区间，而黑色金属矿采选业投资则呈现同比两位数增长态势。从民间投资增速情况看，铁矿投资的积极性显然更高。钢协重点统计会员钢铁企业完成固定资产投资额 1273.62 亿元，同比略有下降（-0.21%）。从投资结构看，新建产能投资为 146.82 亿元，同比下降 29.05%，占比 11.5%；节能、环保类投资 371.44 亿元，同比增长 11.95%，占比 29.2%；改进工艺、提高产品质量、增加新产品类投资 397.35 亿元，同比增长 13.96%，占比 31.2%。钢铁行业固定资产投资结构继续优化。

七、效益明显下滑，资产状况保持良好

2022 年，会员钢铁企业营业收入 65875 亿元，同比下降 6.35%；营业成本 61578 亿元，同比下降 1.94%，成本降幅低于收入降幅 4.41 个百分点；实现利润总额 982 亿元，同比下降 72.27%；销售利润率为 1.49%，同比下降 3.54 个百分点。从各月效益看，1-6 月会员钢铁企业各月利润均在 100 亿元以上；7-9 月期间，行业出现月度亏损，但钢铁企业及时应对，亏损额逐月收窄；10-11 月期间，行业实现月度盈利；12 月受煤焦及矿石价格上涨等因素影响，加之部分企业资产重组、处理历史遗留问题、计提减值等因素影响，再度出现月度亏损状况。

2022 年，钢铁行业整体资产状况处在合理区间。其中，重点统计企业年末资产负债率为 61.73%，较上年上升 0.53 个百分点；所有者权益同比上升 1.60%；存货占用资金同比下降 5.89%，其中产成品资金占用同比下降 5.08%；银行借款同比增长 5.80%，其中短期借款同比下降 10.80%，长期贷款同比上升 24.00%，企业资本结构持续改善。应收账款与应付账款总额基本稳定。

期间费用累计同比下降 5.40%，其中销售费用同比下降 9.69%，管理费用同比下降 14.47%，财务费用同比下降 3.06%，研发费用同比增长 5.38%。虽然钢铁行业经济效益同比大幅下降，但钢铁企业研发费用依然保持着稳定上升态势，占营业收入的比重提高至 1.82%。

由于 2022 年市场环境的变化，钢铁行业效益较上年出现较大幅度下滑，但资产状况持续改善，贷款结构不断优化，负债率处在合理区间。钢铁行业在市场环境出现新变化的情况下仍能取得上述成绩，主要原因是钢铁行业深入贯彻落实供给侧结构性改革各项措施，通过多年来的持续盈利，并

采取及时偿还银行贷款、增加长期贷款等方式，使资产状况、债务结构等得到大幅改善，为应对市场变化奠定了坚实的财务基础。

八、减污降碳，向绿而行

2022 年，钢铁行业各项环保指标继续改善，单位能耗指标略有增加。随着超低排放工程的持续推进，重点统计会员钢铁企业不断加大环保投入，各项环保指标持续改善。2022 年，重点统计会员钢铁企业吨钢耗新水 2.44 立方米，同比下降 0.65%；吨钢二氧化硫排放量为 0.24 千克，同比下降 19.82%；吨钢颗粒物排放量为 0.28 千克，同比下降 18.26%；吨钢氮氧化物排放量为 0.46 千克，同比下降 12.42%。由于钢铁需求下降、整体产能利用率有所降低，导致吨钢综合能耗同比略有增长。2022 年，重点统计会员钢铁企业吨钢综合能耗为 551.36 千克标准煤，同比增长 0.23%。

低碳发展各项部署逐步展开。从行业层面看，2022 年，钢铁行业向社会发布了《钢铁行业碳中和愿景和低碳技术路线图》，明确了中国钢铁"双碳"目标和技术实现路径。钢协"低碳委"和"科技委"组织力量向国家有关部门提出钢铁行业需要国家重视和支持的、需要行业集中研究的八个低碳技术方向。从企业层面看，部分企业已协同主要研究机构和技术供应商部署并启动了若干大规模的研究开发和工程实践活动。其中，中国宝武、中国钢铁协会、世界钢铁协会在上海共同举办了以"重塑钢铁行业在人类可持续发展进程中的关键地位"为主题的"全球低碳冶金创新论坛"，对促进钢铁业低碳发展的国际合作、形成合作共识具有积极作用。

中国钢铁行业 EPD 平台正式上线运行，正式发布 EPD 报告电子标签。截至 2022 年底，已完成宝武、首钢、沙钢、包钢、酒钢等近十家企业 35 份 EPD 报告发布，并发布了 6 份铁矿石 EPD 报告。中国钢铁行业已将全生命周期碳足迹评价从理念落实到行动中，接下来将与上下游产业进行对接，在相互对接的过程中不断完善标准和认证体系，并积极推动标准体系和认证体系的国际互认。

超低排放持续推进，环保意识和环境管理水平大幅提升。钢铁企业焦炉、烧结等烟气脱硫脱硝除尘成为标配；料厂、料堆、料仓及物料转运等颗粒物逸散点普遍得到密闭密封；清洁运输改造和铁路专用线建设加速，大气污染防治重点区域轧钢用的煤气发生炉普遍被天然气替代，焦炉和高炉煤气精脱硫等新技术研发持续加速，钢铁企业环保意识和环境管理水平大幅提升，面貌大为改观。截至 2023 年年初，钢协共接受 133 份企业的超低排放公示申请，已有 46 家企业完成全过程超低排放改造公示，涉及钢产能约 2.41 亿吨，吨钢超低排放改造投资约在 381 元；25 家企业完成部分超低排放改造公示，涉及钢产能约 1.56 亿吨；目前还有 45 家企业正在进行公示前专家审核和企业进一步完善与整改，涉及钢产能约 1.10 亿吨。

钢铁行业极致能效工程正式启动。2022 年末，钢协在国家有关部门的大力支持下，筹划并启动了钢铁行业极致能效工程，形成《钢铁行业能效标杆三年行动方案》，遴选了 50 项成熟可行的节能技术，形成并颁布了"极致能效技术清单"及"节能低碳政策清单"，开展"双碳最佳实践能效标杆厂"培育活动，宝钢股份、湛江钢铁、首钢京唐、鞍钢鲅鱼圈等 21 家先进企业申报为第一批标杆培育企业。

九、创新成果不断涌现，创新体系持续完善

创新驱动、持续投入，"首创""首发"成果不断涌现。钢铁行业持续聚焦关键核心技术，加快打造原创技术"策源地"，中国钢铁行业专利申请数占全球钢铁工业比例超过 60%，2022 年，"欧冶炉熔融还原炼铁工艺技术研究"等 111 个项目荣获"冶金科学技术奖"。

不断完善创新体系，增强创新能力。鞍钢成立科学技术协会，河钢组建材料技术研究院，致力于打造原创技术创新高地；宝武、鞍钢、首钢、河钢、沙钢、太钢、中信特钢、山钢、包钢、中钢、南钢、马钢、酒钢等钢铁企业上榜全国科技创新企业 500 强；南钢、涟源钢铁、承德建龙、龙凤山铸业、石横特钢 5 家企业被国家发改委认定为国家企业技术中心，中天钢铁被工信部认定为国家技术创新示范企业，为构建国家创新体系贡献钢铁力量。

不断增加新产品开发攻关力度，履行材料供给保障使命。22 大类钢铁产品中，19 类自给率超过 100%，其他 3 类超过 99%，多个产品创新结出硕果。鞍钢 130 毫米特厚安全壳用钢板和大厚度大应变管线钢板等、首钢新能源汽车用电工钢（ESW1230 和 20SW1200H）等、宝武 1.5 吉帕超高强吉帕钢等、河钢海洋工程用超级不锈钢复合板等产品实现全球首发；兴澄特钢世界首创用 100 吨电炉冶炼工艺生产高强高韧低密度钢板；山钢突破极寒海洋腐蚀环境下高强韧 H 型钢核心技术；鞍钢本钢高强度高淬透性热轧抗氧化免涂层热成形钢世界首发并获评全球新能源汽车前沿技术；中国

钢研、东北特钢和二重万航等单位联合研制出世界最大、直径为 2.2 米的涡轮盘，突破了我国 F 级重型燃机核心部件制备瓶颈；钢研纳克研发了分辨率达到 1.5 纳米的高分辨扫描电镜，跻身扫描电镜领域世界前列，打破了该领域长期以来受制于人的困境；宝武、河钢、鞍钢、建龙、中国钢研、北科大、东北大学等单位围绕氢冶金等技术开展研发、中试和产业化攻关，勇闯创新无人区，为引领世界钢铁技术发展积蓄力量。

十、数字化转型发展迅速，信息技术赋能钢铁行业

数字赋能、智绘未来，钢铁工业数字化转型发展迅速。钢铁行业积极落实习近平总书记关于数字经济作出的系列重大部署，钢铁行业数字化、智能化已经从产品创新、生产技术创新、产业模式创新和制造系统集成创新四个层面深度开展。

中国宝武启动钢铁工业大脑战略计划，实现核心技术能力累积沉淀，打造了一批大数据、人工智能与钢铁深度融合的典型示范项目。宝钢股份智慧碳数据平台上线，平台覆盖全流程、全工序、全品种，为"双碳"工作提供了重要的量化工具和数智化支撑手段。鞍钢基于工业互联网平台的全流程数字孪生综合应用，打造以数字孪生和信息物理系统为核心的钢铁数字化制造新模式。南钢建设云边融合与数字孪生的智慧运营中心，贯通产业链上下游企业超万家，由经营公司向经营生态快速转变。首钢基于专网 5G 技术在"灯塔"工厂建设中达到全覆盖，实现工序间互联互通、天车智能操控，助力工业互联网建设提升效能。华菱与华为合作建设 5G 智慧工厂，开发了一系列基于 5G、机器视觉、AI 的创新应用，引入华为合营云的智能平台，打造了 5G 智慧钢铁行业标杆。柳钢自主创新研发了"转炉看火"工业机器视觉决策模型，完成第 5000 万次运算，引领柳钢进入人工智能新时代。宝钢股份、南钢、石钢入选全国首批"数字领航"企业，鄂钢、首钢京唐、河钢唐钢、湛江钢铁、晋钢、中天、宝武新余、山钢永锋、石横特钢等入选工信部 2022 年度智能制造示范工厂，行业智能制造成果显著增多。目前，大中型企业完成"管控衔接、产销一体、三流同步"，大型钢铁集团企业基本上完成了 5 层信息化系统的建设；近 90% 的企业生产制造执行系统（MES）已建立，500 万吨规模以上企业基本实现了管控衔接；90% 以上的企业建立能源管理信息系统和环保监测系统。

总体看，中国钢铁行业正利用大数据、云计算、工业互联网等信息技

术赋能钢铁行业数字化转型升级，开展钢铁工业多维数据治理，研发具有更强通用性的数据驱动模型，通过标准化降低数字技术应用门槛，努力解决钢铁行业制造过程中的"黑箱"和"不确定性"难题，提升产品质量控制能力和生产线运行水平，提高数字化服务的能力，形成数字化技术研发与创新生态。

十一、维护产业链供应链稳定运行，"基石计划"取得实质性进展

在下游需求剧烈波动、市场出现阶段性供需失衡的情况下，钢协组织协调全行业落实产能产量"双控"政策，发布《主动调整生产强度保持行业平稳运行》倡议，制定《钢铁行业自律工作方案》和《钢铁企业共同维护钢材市场秩序自律公约》，呼吁钢铁企业坚定不移严控产能扩张，按市场需求组织生产，理性释放现有产能。组织力量开展全面调研，在充分听取会员企业意见的基础上，向国家有关部门提出改善钢铁行业经营环境十条政策建议。通过开展上述工作，使全年钢产量随需求降低有所下降，一定程度上缓解了市场冲击带来的不利影响。

"基石计划"取得实质性进展。从政府层面看，在国家部委和各地政府的强力推动下，形成了两级推进机制，对促进"基石计划"国内铁矿开发起到了显著作用。从行业层面看，钢协组织力量积极配合有关部委调研梳理国内和海外铁矿项目生产建设进度情况，动态调整铁矿项目清单，向国家有关部门反映企业诉求，协调解决项目推进面临的具体问题；调研补充国内重点铁矿项目信息，汇总国内重大铁矿项目并实行"台账式"管理，梳理出 55 个项目存在的 114 项需协调解决的问题，形成了项目分类推进表。从企业层面看，各有关钢铁企业积极响应，加强与相关部门的沟通衔接，项目审批建设遇到的急难事项和困难问题得以有效解决，获得感明显增强。2022 年 11 月，中国最大的单体地下铁矿山——鞍钢西鞍山铁矿项目正式开工，表明"基石计划"国内铁矿资源开发的取得标志性进展。

十二、展望

2023 年是全面贯彻落实党的二十大精神的开局之年，也是钢铁行业继续深入推进供给侧结构性改革、努力实现高质量发展的重要一年，钢铁行业面临的国内外形势和环境更加严峻复杂。党的二十大科学谋划了未来 5

年党和国家事业发展的目标任务和行动纲领，也为钢铁行业的高质量发展提供了根本遵循和目标指引。钢铁行业将继续坚持以习近平新时代中国特色社会主义思想为指导，全面贯彻落实党的二十大精神和中央经济工作会议部署，贯彻《"十四五"原材料工业发展规划》《关于促进钢铁工业高质量发展的指导意见》《钢铁行业碳达峰实施方案》，继续围绕"1231"行业发展目标，推进"232"重点工作体系，充分发挥"产业链布局相对完整、市场化程度相对较高、技术体系相对独立"的产业优势，充分利用"制度有优势、政策有空间、市场有潜力、产业有基础、投资有方向、改革有目标"的有利条件，坚持绿色低碳、推动行业变革，固底板、补短板、锻长板，全面完成履行保障供给使命、实现钢铁产业自身发展、积极带动相关产业实现共同繁荣三大重点任务，努力开创钢铁工业高质量发展新局面。

第一，加强和完善产业运行监测体系，努力实现行业平稳运行。加强经济运行监测分析，按照"稳生产、保供给、控成本、防风险、提质量、稳效益"的要求，开展前瞻性研究，及时发现问题、提出建议、采取措施，助力行业提升运行质量和改善经济效益；强化数据治理、促进数据立法、建立数据自信，为行业各项治理奠定数据基础；组织行业开展多维度的对标挖潜，加强国际对标，拓展对标范围，提高对标的针对性和有效性，为钢铁企业改善经营提供有价值的参考。继续协商改善焦煤保供稳价机制，促进煤钢产业紧密协同、合作共赢；改善与矿山企业和贸易企业的沟通交流机制，努力维护铁矿石市场秩序。继续研究和策划以保护和提升高技术、高端产品国际竞争力为目的的贸易政策和监管政策的优化和完善工作，争取进一步取得进展；加强财税政策研究、争取各类金融支持，紧紧围绕基石计划、超低排放、极致能效、联合重组等行业重大发展问题，找准服务对象、明确服务项目、策划对接方式、打通政策通道，使国家的各项促进稳增长的财税政策和金融资源与钢铁产业全面对接，应享尽享，能用尽用。

第二，积极研究和推进两大基础举措，持续优化行业运行秩序和改善行业发展环境。创建"产能治理新机制"和"优化联合重组政策导向"是优化行业运行秩序、改善行业发展环境的两大基础举措。积极与国家有关部委沟通协调，及时提出并不断优化解决方案，促进结构调整和布局优化，引导优胜劣汰、导向供需平衡。继续做好产能产量"双控"工作，配合有关部门开展产能核查，清理不合规产能，严肃查处违规新增产能，推动低效无效产能应退尽退。倡导企业坚持"以销定产、以效定产、以现定销"，让"三定"原则成为行业共识。进一步发挥龙头企业的区域市场引导作用，开展区域和品种自律工作。继续开展"三定评估"和"路况调查"，做好分析预判。研究促进联合重组政策，融入建设全国统一大市场，破除体制机制障碍，重点推动能耗、产能、环保指标等要素的跨区域转移，加大政策支持力度。

第三，持续推进三大改造工程，努力推动绿色低碳发展。坚定不移推进超低排放改造工程，按既定目标完成改造计划。组织行业力量，在国家部委的指导下，全面评估超低排放改造成效，进一步完善和优化环境管理标准，积极推广成熟可靠的环境技术，积极开发经济性、生态性俱佳的环境技术和工艺装备，谋求环保水平、能效水平与竞争力水平的同步提升，开创环境治理新局面。积极筹划和推进极致能效改造工程。组织企业制定并实施能效达标杆行动计划，完善极致能效技术清单、能力清单和政策清单，为会员企业实现极致能效目标创造良好的环境和条件。加强系统策划，加速低碳发展整体布局，开展支撑行业碳达峰、碳中和目标实现的系统性低碳工作。积极推动世界前沿低碳共性技术协同研发，积极建议国家出台相应的支持计划，组织行业低碳共性技术攻关和推广应用。探索开展零碳钢数据研究和标准研制，加大行业内外低碳业务合作力度和深度，积极开展国际合作。有计划开展 EPD 行业互认和国际互认工作，加强平台的治理架构建设，争取 EPD 报告的采信和使用。

第四，落实两大产业发展计划，努力夯实产业基础，开拓产业发展空间。继续落实和筹划升级"基石计划"，启动以"材料升级和材料替代"为主要工作方向的"钢铁应用拓展计划"，全面加强上下游领域跨产业合作。统筹好两个市场、两种资源，加强海外资源开发项目跟踪，分类指导持续推进国内铁矿资源开发，建立集"找矿、建设、运营"为一体的全生命周期铁矿石战略保障机制。加强废钢回收利用和海外资源开发，进一步修订再生钢铁原料标准，研究进口再生钢铁原料的增值税优惠政策。培育龙头企业，鼓励区域优势企业兼并重组，推进废钢产业健康发展。统筹推进钢结构的推广应用，研究编制钢铁结构用钢标准及与之配套的建筑设计规范、验收标准规范等，组织开展上下游产业链的技术交流，开展钢结构质量分级评价，推动智能建筑与钢铁行业的深度融合，推动低碳建筑评价体系建立，扩大高强钢、耐候钢、耐火钢在钢结构建筑领域的应用。研究钢铁需求总量、趋势、结构变化，关注风电、光电等新能源领域需求，推动高端、绿色钢铁材料的应用。

第五，协同推动关键技术产品创新，努力促进成果转化推广应用。完善产学研用协同创新体系，加大科技创新研发投入强度，增强自主创新能力。统筹推进科技创新"补短板、强基础、促提升"，集中力量攻克一批"卡脖子"钢铁材料和核心技术，主动争取政策支持，推动行业氢冶金共性技术研发。落实企业研究院院长"上海共识"，选择切入领域，试点共性技术协同研发机制。组织开展项目揭榜挂帅，形成龙头企业挂帅、多家企业和研发机构参加的钢铁行业共性技术研发团队和项目研发联合体。强化创新生态圈建设，组织产业链上下游产品及应用技术交流，强化协同攻关，实现相关产品、技术和产业链的突破与升级。以"育主体、建模式、造环境"为重点，逐步建成各类创新主体协同互动和创新要素高效配置机制，集中优势资源，形成关键核心技术攻关合力。加强新材料、低碳、智能制造等重点领域标准研制，进一步打通产业链上下游，形成跨产业链的标准体系，重点聚焦高性能特种钢、高端装备用特种合金钢、核心基础零部件用钢等"特、精、高"关键品种联合开展标准研制，让更高性能的钢铁产品获得更广泛的使用。

第六，开展试点示范、推广共性技术，努力提升行业智能制造水平。组织开展钢铁行业智能制造提升行动，通过钢铁企业数字化转型试点示范工作，继续遴选一批可复制、可推广的2023版钢铁行业智能制造优秀场景和优秀解决方案，组织数字化、智能化共性技术研发、推广，推动全行业智能装备、低碳节能、安全生产、现代供应链等数智化关键共性技术升级；加强钢铁行业智能制造标准体系建设，建立健全基础、通用的数字化标准规范，研究制定一批急需、适用的钢铁行业智能制造标准，通过标准化提高钢铁行业智能化、数字化治理水平；组织力量，加快工信部委托的钢铁行业智能制造服务平台、工业互联网平台等数据平台建设，提升公共服务能力，实现钢铁行业及智能制造产业间的共建、共治、共享；发布钢铁行业智能制造评估报告，梳理大数据、智能制造与行业深度融合的典型示范企业、项目，引导行业智能制造整体水平提升。

第七，加大正面宣传力度，努力维护和提升行业形象。继续加大行业正面宣传力度，继续推进《加强钢铁行业宣传开展行业形象提升工程行动方案》落实，努力发挥行业宣传的协同效应。结合行业形势变化，抓住重点、热点、难点及时发声，回应社会关切，正面引导社会舆论和市场预期。

策划开展对业内重点企业的深入采访和专题报道，从代表性的企业实践中挖掘总结应对复杂市场环境的有效举措、可行路径、典型经验，在行业内外加强宣传、交流互鉴。围绕行业发展目标，讲好钢铁故事，增进社会了解，持续提升钢铁行业的认可度、美誉度，努力塑造与中国钢铁的全球优势地位相匹配的良好行业形象。

（本章撰写人：谢聪敏，孙宁，中国钢铁工业协会）

第2章

2022年中国钢铁市场供需情况

2022年，面对风高浪急的国际环境和艰巨繁重的国内改革发展稳定任务，钢铁行业坚决贯彻党中央国务院"稳字当头、稳中求进"的决策部署，坚持防疫情和稳经营"双线应对"，积极适应市场变化，采取提质降本增效措施，狠抓产销平衡，全面对标挖潜，行业运行总体保持相对平稳，并在四季度出现趋稳向好的态势，为支撑下游用钢行业发展、稳定国民经济运行发挥了重要作用。从下游需求来看，一季度需求相对较好，二、三季度因新冠疫情及突发事件影响出现超预期下行，四季度逐步回稳向好，全年下游需求与粗钢产量呈现双双回落局面，形成动态适配格局。分行业来看，建筑业呈现分化态势，其中房地产行业主要经济指标均出现较大幅度下降；基建行业投资保持快速增长。制造业总体平稳，其中机械行业增加值保持增长，各子行业有升有降；汽车产量同比小幅增长，其中乘用车产量增长，商用车产量下降；船舶行业处于新一轮增长周期，手持订单量持续增长；家电行业总体小幅下降，内外需求双弱；集装箱产量在上年爆发式增长后大幅下降，回归常态。

一、2022年中国钢铁市场供需概况

（一）钢铁产量同比下降，消费强度有所减弱

2022年，我国粗钢产量10.18亿吨，同比下降1.7%，连续第二年下降。消费端房地产行业各项指标持续下降，机械、汽车行业总体保持增长但增幅较小，船舶行业三大造船指标一升两降，主要用钢行业钢材消费强度下降，全年折合粗钢表观消费量9.66亿吨，同比下降3.0%。市场需求不及预

期，钢铁企业为适应市场变化主动把控生产节奏、调整品种结构，实现了供需基本平衡。月度表观消费量先增后降，具体情况见表 2-1 和图 2-1。

表 2-1 2022 年粗钢表观消费量 万吨，%

指标	2022 年	2021 年	增减量	同比
粗钢产量	101796	103473	−1677	−1.7
钢材进口量	1057	1427	−370	−25.9
钢材出口量	6732	6672	60	0.9
钢坯进口量	637	1372	−734	−53.5
钢坯出口量	103	4	99	—
粗钢净出口	5322	4009	1313	32.8
粗钢表观消费量	96474	99464	−2990	−3.0

数据来源：国家统计局，海关总署。

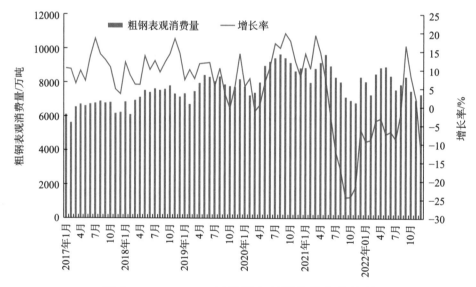

图 2-1 2017-2022 年粗钢表观消费量变化情况

数据来源：中国钢铁工业协会

2022 年我国日均折合粗钢表观消费量 278 万吨，月度日均折合表观消费量与粗钢日均产量变化趋势一致，均呈现"M"形走势，1-4 月月度粗钢表观消费量逐月增长，之后二季度出现下降，三季度有一定回升，四季度继续下降。月度日均粗钢产量峰值在 5 月，为 312 万吨，月度日均粗钢表观消费量峰值在 4 月，为 296 万吨（图 2-2）。

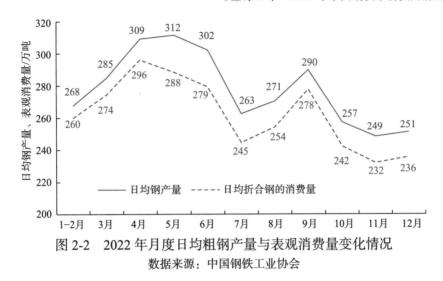

图 2-2　2022 年月度日均粗钢产量与表观消费量变化情况

数据来源：中国钢铁工业协会

（二）钢材库存变化情况

1. 社会库存

2022 年，钢协监测的 21 个城市 5 大品种钢材社会库存变化情况如图 2-3 所示。2022 年底国内主要城市五大品种社会库存为 752 万吨，环比增加 16 万吨，升幅 2.2%；比 2021 年底减少 36 万吨，降幅 4.6%；比 2020 年底减少 22 万吨，降幅 3.0%。2022 年钢材社会库存旬度变化整体呈先升后降趋势，2 月下旬社会库存达到峰值 1468 万吨，随后波动下行，库存整体变化幅度小于 2020 年和 2021 年。

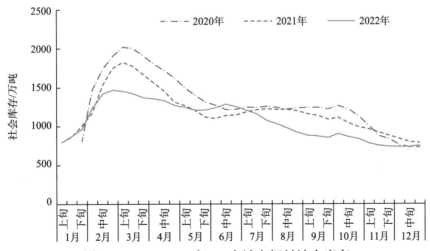

图 2-3　2020-2022 年 21 个城市钢材社会库存

数据来源：中国钢铁工业协会

2022 年底各品种的库存变化见表 2-2。从五大钢材品种库存来看，库存量最大的是螺纹钢，为 308 万吨。与 2021 年底比较，除线材大幅下降 36.5% 外，其他各品种库存量均小幅上升，增量最大的是螺纹钢，增加 5 万吨，升幅 1.7%。

表 2-2　2022 年钢材社会库存品种构成及增长率　　　　万吨，%

品种	2022 年底	2021 年底	增减量	同比
热轧板卷	157	156	1	0.6
冷轧板卷	113	112	1	0.9
中厚板	94	91	3	3.3
线材	80	126	−46	−36.5
螺纹钢	308	303	5	1.7
合计	752	788	−36	−4.6

数据来源：中国钢铁工业协会。

2. 企业库存

从 2022 年钢铁企业库存走势看，库存变化整体先升后降，波动幅度较 2021 年有所扩大（图 2-4）。6 月中旬钢材库存达历史峰值 2052 万吨，峰值较 2021 年增加 264 万吨，此后钢材库存呈波动下行态势。12 月底企业库存量为 1306 万吨，较上年同期增加 176 万吨，升幅 15.6%。

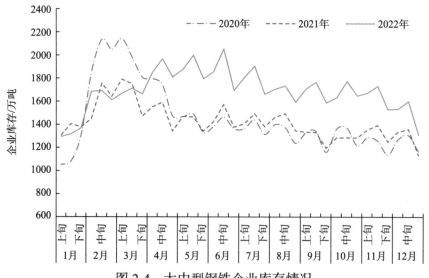

图 2-4　大中型钢铁企业库存情况
数据来源：中国钢铁工业协会

二、2022 年钢铁下游行业运行及钢材需求情况

（一）建筑业

2022 年，建筑业运行呈现分化态势。房地产市场信心不足，行业深度调整，主要指标出现较大幅度下降。其中，房地产新开工面积、销售面积、土地购置面积同比大幅下降，施工面积也首次出现负增长；基建投资成为经济稳增长的重要抓手，基建投资增速保持 9.4% 的较高水平。综合来看，基建行业钢材消费增量难以弥补房地产市场的下行缺口，建筑业总体钢材消费量同比呈现下降趋势。

1. 房地产行业运行情况

（1）房地产开发投资下降。2022 年，房地产开发投资较上年下降，累计降幅逐月加深。全国房地产开发投资 132895 亿元，比上年下降 10.0%；其中，住宅投资 100646 亿元，下降 9.5%（图 2-5）。

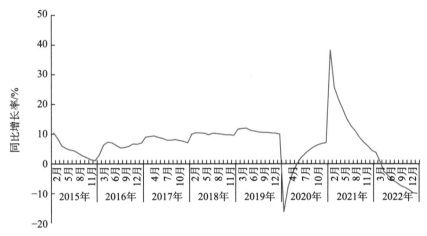

图 2-5　全国房地产开发投资增速

数据来源：国家统计局

分地区看，东部地区房地产开发投资 72478 亿元，同比下降 6.7%；中部地区投资 28931 亿元，下降 7.2%；西部地区投资 27481 亿元，下降 17.6%；东北地区投资 4005 亿元，下降 25.5%。

（2）房屋施工面积同比下降，新开工面积降幅扩大。2022 年房地产开发企业房地产施工面积 90 亿平方米，同比下降 7.2%，规模降至 2019 年水平。其中，住宅施工面积 639696 万平方米，下降 7.3%。房屋新开工面积

120587 万平方米，大幅下降 39.4%，规模降至 2009 年水平。其中，住宅新开工面积 88135 万平方米，下降 39.8%。房屋竣工面积 86222 万平方米，下降 15.0%。其中，住宅竣工面积 62539 万平方米，下降 14.3%。近年来全国房屋施工及新开工面积增长情况如图 2-6 所示。

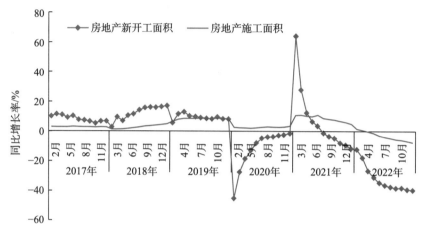

图 2-6　近年来全国房地产开发企业房屋施工和新开工面积增长情况

数据来源：国家统计局

（3）**土地购置面积大幅下降，供应向一线城市集中。**2022 年，房地产开发企业土地购置面积 1.0 亿平方米，同比大幅下降 53.4%，土地成交价款 9166 亿元，同比下降 48.4%，近年来房地产开发企业土地购置面积增速情况如图 2-7 所示。

房地产市场需求疲软，市场信心不足，同时受供地"两集中"和"三道红线"影响，宅地供求明显缩量，企业资金压力和回款压力加大，土地市场偏冷，向重点城市集中。300 城住宅用地供求规模均降至近十年同期最低水平，同比下降近 40%，不同城市土拍分化态势明显，一线城市表现相对较好。具体如图 2-8 所示。

（4）**房地产开发景气指数逐月下降。**2022 年房地产开发景气指数呈逐月下降态势，各月指数均低于 100 点，12 月房地产开发景气指数为 94.35，比上年同期下降 5.93 点，近年来全国房地产开发景气指数如图 2-9 所示。

（5）**商品房销售面积下降，待售面积上升。**2022 年，商品房销售面积 135837 万平方米，同比下降 24.3%，其中住宅销售面积下降 26.8%。商品房销售额 13.3 万亿元，下降 26.7%，其中住宅销售额下降 28.3%。商品房销售面积及销售额同比增长情况如图 2-10 所示。

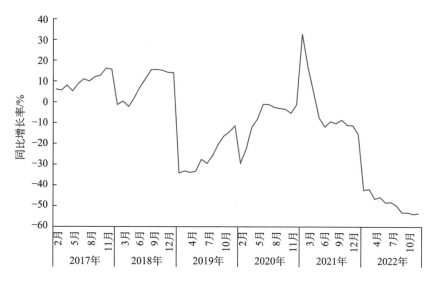

图 2-7　房地产开发企业土地购置面积增速情况

数据来源：国家统计局

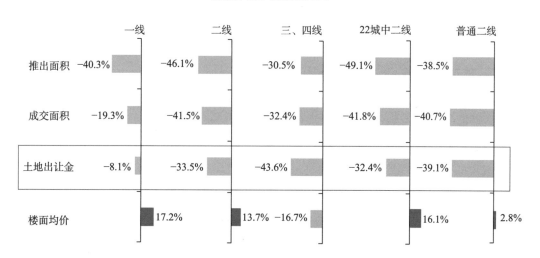

图 2-8　2022 年各线城市住宅土地推出及成交变化情况

数据来源：中国指数研究院

分地区销售情况：东部地区商品房销售面积 56388 万平方米，同比下降 23.0%；中部地区商品房销售面积 40750 万平方米，下降 21.3%；西部地区商品房销售面积 34590 万平方米，下降 27.7%；东北地区商品房销售面积

4109 万平方米, 下降 37.9%。

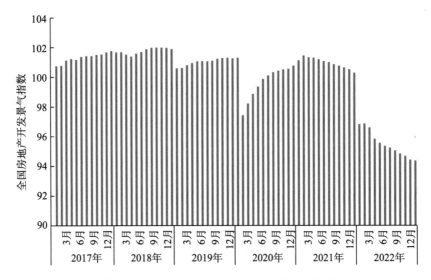

图 2-9　近年来全国房地产开发景气指数

数据来源: 国家统计局

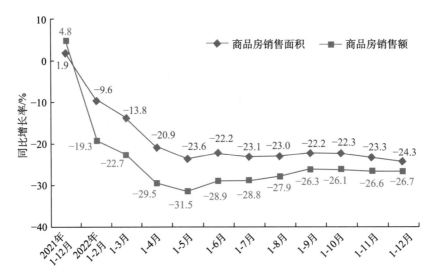

图 2-10　全国商品房销售面积及销售额增长情况

数据来源: 国家统计局

2022 年末, 商品房待售面积 5.6 亿平方米, 比上年增长 10.5%。其中, 住宅待售面积增长 18.4%。

（6）**房地产开发企业到位资金同比下降，降幅逐月扩大。**2022 年，房地产开发企业到位资金 148979 亿元，比上年下降 25.9%（图 2-11）。其中，国内贷款 17388 亿元，下降 25.4%；利用外资 78 亿元，下降 27.4%；自筹资金 52940 亿元，下降 19.1%；定金及预收款 49289 亿元，下降 33.3%；个人按揭贷款 23815 亿元，下降 26.5%。

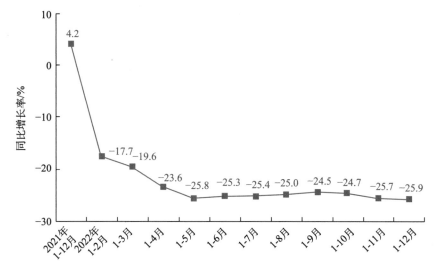

图 2-11　全国房地产开发企业本年到位资金增速

数据来源：国家统计局

（7）**坚持"房住不炒"定位，地方因城施策。**2022 年，受内外多因素影响，房地产市场进入深度调整阶段，中央坚持"房住不炒"总基调不变，年内多次释放积极信号优化调控政策，进一步丰富和完善政策工具箱，并支持各地从当地实际出发调整房地产政策，促进房地产市场平稳健康发展。市场需求端、供给端政策环境均有所改善，2022 年 6 月，在各地加大政策支持力度及房企积极营销带动下，市场出现企稳迹象。7 月，多地出现因期房停工导致的购房者集体"断供"现象，市场信心再次受挫，销售低迷。监管部门多次回应并高度重视，下半年各部委 20 余次表态支持"保交楼"，中央会议定调后，各地政府加快落实相关举措及配套资金。2022 年 9 月底，中央多部门针对需求端发布全国性普惠政策，但后续整体市场销售恢复不及预期，房企回款压力不减，从而出台"金融 16 条"，房地产企业金融政策环境大幅改善。

2. 基础设施建设情况

（1）**基础设施投资保持较快增长**。2022 年，基础设施投资（不含电力、热力、燃气及水生产和供应业）同比增长 9.4%（图 2-12），增速连续 8 个月加快，比上年大幅提高 9.0 个百分点。其中，水利管理业投资增长 13.6%，公共设施管理业投资增长 10.1%，信息传输业投资增长 9.3%，道路运输业投资增长 3.7%，铁路运输业投资增长 1.8%。

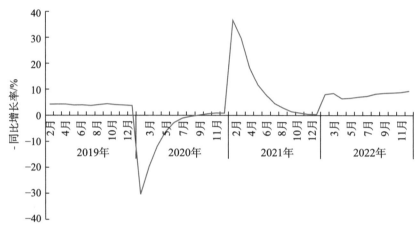

图 2-12 基础设施建设投资累计增速
数据来源：国家统计局

（2）**铁路投资与建设规模小幅下降**。2022 年以来，铁路投资持续低位运行，铁路固定资产投资已经连续 9 个月呈减少态势。上半年和前三季度投资降幅分别为 4.6% 和 6.9%，同时前三季度投资降幅刷新 2022 年最高值。2022 年，全国铁路完成固定资产投资 7109 亿元（图 2-13），同比下降 5.1%。

（3）**公路水路投资实现较快增长**。2022 年，全国交通固定资产投资 3.8 万亿元，同比增长 6.1%（图 2-14），其中公路水路交通固定资产投资完成 3.1 万亿元，同比增长 9.8%，其中公路完成投资 2.9 万亿元，同比增长 9.7%，水路完成投资 1679 亿元，同比增长 10.9%。

（4）**机场建设保持稳定增长**。2022 年，我国民航通航机场数量达 254 个（图 2-15），比 2021 年增加 6 个，保持稳定增长；在地区分布上，东北、华东、华北和中南地区机场数量占全国机场总数量近 85%。民航固定资产投资完成额超过 1200 亿元。

（5）**轨道交通建设保持快速增长**。截至 2022 年末，中国内地共有 55

个城市开通了城市轨道交通项目，运营总里程达到 10292 公里（图 2-16），其中地铁 8013 公里，占比 77.85%。同时，2022 年中国内地共计新增城轨交通运营线路长度 1085 公里。当年共计新增运营线路 25 条，新开通运营车站 622 座。南通和黄石 2 个城市首次开通运营城市轨道交通。

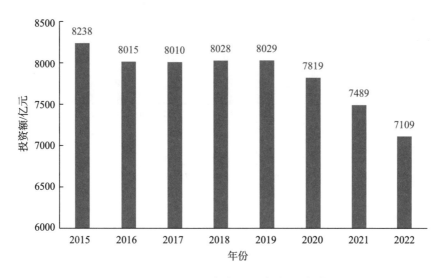

图 2-13　2015-2022 年铁路固定资产投资完成情况
数据来源：交通运输部

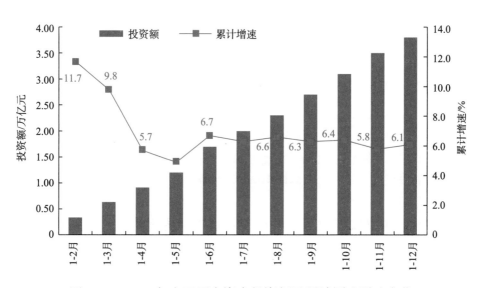

图 2-14　2022 年交通固定资产投资额及累计同比增速变化
数据来源：交通运输部

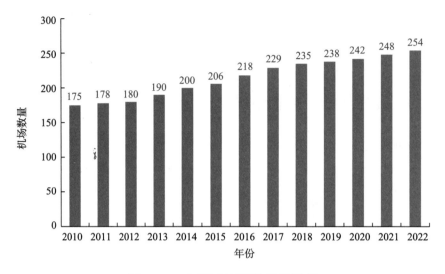

图 2-15　全国民航通航机场数量

数据来源：中国民航局

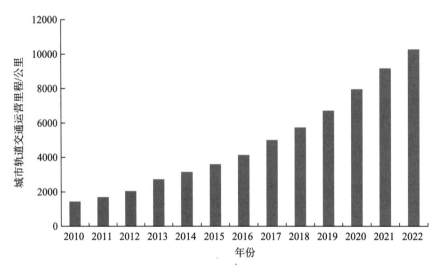

图 2-16　2010-2022 年城市轨道交通里程情况

数据来源：交通运输部

2022 年，国家发展改革委共批复石家庄、杭州两市的新一轮城市轨道交通建设规划，以及苏州、东莞、广州三市的轨道交通建设规划调整方案。累计共有 30 余项重大城轨交通项目获得国家及省（区、市）发展改革委批复，批复内容主要为建设规划方案、工程可研报告、初步设计等，项目总投资额超 4300 亿元（表 2-3）。

表 2-3　2022 年重大轨道交通项目获批统计汇总

城市	城执项目	投资金额/亿元	线路全长/公里
石家庄	石家庄市城市轨道交通二期建设规划	—	59.2
杭州	杭州市城市轨道交通第四期建设规划	1387.9	152.9
广州	广州市城市轨道交通 8 号线北延段	—	41.0
东莞	东莞市轨道交通 2 号线三期工程	146.9	17.3
	东莞市 1 号线一期调整	379.8	49.4
	东莞市 3 号线一期调整	368.1	51.5
苏州	轨道交通第三期建设规划调整	129.1	19.6
	地铁 2 号线北延段	32.7	4.7
	地铁 4 号线北延段	45.4	7.1
	地铁 7 号线北延段	51.0	7.1
厦门	轨道交通 6 号线集美至同安段	317.0	30.7
福州	轨道交通 2 号线东延线一期	121.1	14.6
	轨道交通 6 号线东调段工程	41.7	5.5
无锡	地铁 4 号线二期工程	64.1	8.6
长春	轨道交通 1 号线南延工程	54.0	8.0
济南	济南轨道交通 8 号线一期工程	109.0	25.5
昆明	2 号线二期工程	110.2	14.3
北京	平谷线北京段	389.4	51.2
天津	11 号线一期工程	146.2	22.6
	天津 5 号线调整工程	10.3	1.3
	Z2 线一期工程	336.9	52.4
南宁	6 号线一期工程	201.3	27.9
河北	北京 22 号线河北段	183.7	30.0
浙江	金山至平湖市域铁路（独山港至海盐段）	127.0	41.6
	嘉善至西塘市域铁路	95.7	20.0

资料来源：国家发展改革委，各省（区、市）发展改革委。

3. 建筑业用钢情况

建筑行业是我国钢材消费量最大的行业，占钢材消费总量约 55%，使用钢材品种主要为钢筋、线材、型材、钢结构用板材等，近年来，钢结构应用增加带动建筑用板材和型材需求量增长。2022 年建筑业呈分化态势，其中房地产行业持续下行，基建行业投资保持较快增长。整体来看，基础设施建设钢材需求量的增长难以抵消房地产建设钢材需求量的下滑，预计2022年建筑业钢材需求同比减少约7%。

（二）机械行业

2022年以来，面对更趋复杂严峻的国际环境和国内新冠疫情散发频发等多重挑战，机械工业经济运行受到冲击，主要经济指标一度大幅下滑偏离正常轨道。随着稳经济一揽子政策和接续政策的逐渐显效，行业经济运行迅速回归合理区间，呈现持续稳定回升向好态势。总体来看，行业运行呈现生产延续回升改善，主要效益指标继续改善，固定资产投资低位回升，外贸出口保持较快增长等特点，但也存在订单不足、成本压力上升、出口压力增大等方面问题。

1. 机械行业运行情况

（1）增加值增速继续回落。国家统计局数据显示，2022年全国规模以上工业增加值同比增长3.6%。涉及到机械工业方面，专用设备增长3.6%，汽车增长6.3%，电气机械增长11.9%，仪器仪表增长4.6%，通用设备同比下降1.2%（图2-17）。

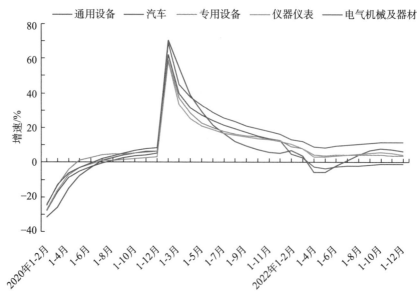

图2-17　机械工业分行业增加值增速比较

数据来源：国家统计局，中国机械工业联合会

（2）**多数产品产量同比下降。**2022 年，国家统计局公布的机械工业 30 种代表性产品中，17 种产品产量同比下降，占比 56.7%；13 种产品产量同比增长，占比 43.3%。部分机械产品产量累计增长率如图 2-18 所示。机械工业主要产品生产呈现以下特点：一是消费激励政策、出口增长，促进汽车销售向好；二是能源项目投资发挥带动作用，电工产品生产形势良好；三是原材料行业设备更新带动相关生产装备产量增长；四是基建对工程机械投资类产品市场发挥带动效用；五是农业机械产品生产分化，大马力拖拉机向好。

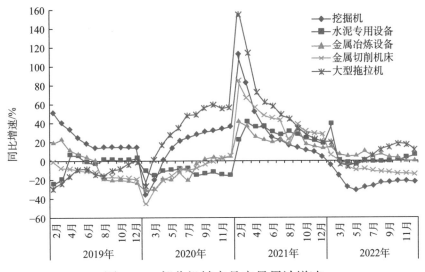

图 2-18 部分机械产品产量累计增速

数据来源：国家统计局

（3）**投资继续恢复但不及预期。**2022 年，制造业投资同比增长 9.1%，增速比全国固定资产投资平均增速高 4.0 个百分点，其中机械工业主要涉及的子行业累计固定资产投资同比全部实现正增长，通用设备、专用设备、汽车、电气机械和仪器仪表分别增长 14.8%、12.1%、12.6%、42.6%和 37.8%。

（4）**外贸出口保持较快增长，但压力增大。**2022 年机械工业累计进出口总额 10555.9 亿美元，同比增长 1.6%（图 2-19）。其中，进口 3239.2 亿美元，同比下降 10.6%；出口 7316.7 亿美元，同比增长 8.2%；累计贸易顺差 4077.5 亿美元，同比增长 29.7%。

（5）**订单不足压力延续。**近几个月机械工业需求端回暖慢于生产端复苏，制造企业订货不足压力持续。国家统计局数据显示，与机械产品市场

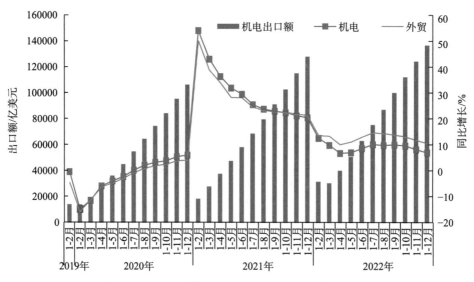

图 2-19　机电及外贸出口累计额及累计同比增幅

数据来源：海关总署

需求关系密切的全国设备工器具投资 2022 年同比增长 3.5%,低于同期全国固定资产投资平均增速 1.6 个百分点。机械工业重点联系企业数据显示：2022 年以来累计订货同比持续处于负增长态势，4 月、5 月降幅均超过 13.0%，6 月以来降幅逐月有所收窄，11 月末仍同比下降 1.8%。

（6）成本压力延续上升走势。2022 年以来机械工业使用的主要原材料产品价格走势分化，钢材价格逐步回稳，有色金属价格高位震荡。部分关键原材料，如低压电气行业用磁性材料、储能行业用锂原料价格仍延续上涨走势，碳酸锂 10 月平均价格超过 55 万元/吨。机械企业原材料、零配件采购成本压力持续高位。据调查显示，61%的企业三季度原材料、零配件采购价格上涨，而产成品价格实现上涨的仅 26.0%；62%的企业经营的压力来源于原材料上涨；用工成本呈现持续单边上涨的趋势。

2. 2022 年机械行业用钢情况

机械工业作为仅次于建筑行业的第二用钢大户，其钢材消费量占全部钢材消费总量的 20%左右，机械行业用钢量较大的子行业主要有电工电气、石化通用设备、机械基础件、重型矿山设备、工程机械、农用机械等。消费的钢材几乎涉及所有品种和规格，随着重大技术装备的大型化，具有耐高温、高压及抗辐射、腐蚀等特殊性能的钢材需求增加，2022 年机械行业用钢同比增长约 2%。

（三）汽车行业

2022 年，我国汽车行业延续增长态势，克服新冠疫情散发频发、芯片结构性短缺、动力电池原材料价格上涨、局部地缘政治冲突等不利因素影响，全年汽车产销稳中有升，其中乘用车在稳增长、促消费等政策拉动下，实现较快增长，商用车仍处于运行低位，新能源汽车持续高速增长，汽车出口保持较高水平，中国品牌表现亮眼，产品竞争力不断提升。全年汽车产量 2702 万辆，同比增长 3.4%，其中乘用车产量增长 11.2%，商用车下降 31.9%，新能源汽车增长 96.9%。

1. 汽车行业运行情况

（1）汽车产量同比增长，月度产量波动较大。 2022 年，汽车制造业增加值同比增长 6.3%，增幅高于制造业平均增幅 3.3 个百分点，高于工业平均增幅 2.7 个百分点。2022 年，我国汽车产量为 2702 万辆，同比增长 3.5%，增速与 2021 年基本持平，近年来汽车产量及增长情况如图 2-20 所示。

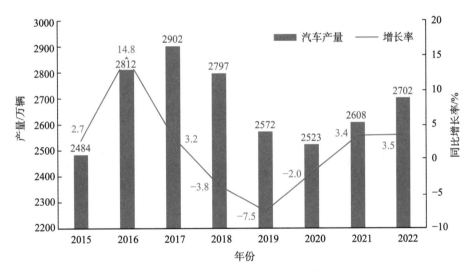

图 2-20　2015-2022 年汽车产量及增长情况

数据来源：中国汽车工业协会

从月度情况来看，2022 年汽车月度产量波动幅度较大，1 月、2 月开局良好，产量稳定增长；3-5 月受吉林、上海疫情冲击，产销受阻，部分地区汽车产业链中断，汽车产销出现断崖式下降；6 月开始，购置税优惠政策落地，厂商促销叠加上年同期低基数，汽车市场迅速恢复并实现较高的同比增速；进入四季度，受疫情冲击，终端消费市场增长乏力，消费者购车需求释放受阻，汽车产量增速回落（图2-21）。与2020年和2021年相比，汽车产量未出现因预期优惠政策结束而产生的年底产销翘尾现象。

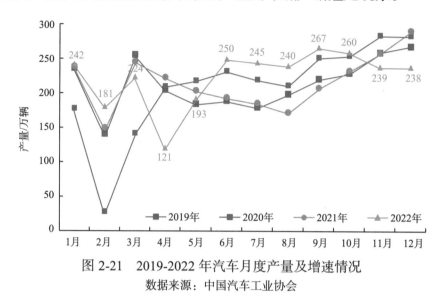

图2-21 2019-2022年汽车月度产量及增速情况

数据来源：中国汽车工业协会

（2）**乘用车产量增长，商用车产量继续下降**。从汽车产量结构方面来看，2022年，乘用车产量为2384万辆，同比增长11.2%。近年来，乘用车市场呈现"传统燃油车高端化、新能源车全面化"的发展特征。2022年，市场虽受到芯片短缺和新冠疫情散发频发等因素的影响，但得益于购置税优惠和新能源市场快速发展，国内乘用车市场呈现"U形反转，涨幅明显"的特点。从各月形势来看，乘用车市场4月、5月受疫情影响产量大幅下降，在购置税减半等促消费政策拉动下，自6月以来保持较快增长。从细分车型来看，轿车和SUV产量实现较快增长，MPV和交叉型乘用车产量下降；豪华乘用车市场好于乘用车整体水平，占乘用车销售总量的16.5%，比重提高0.7个百分点。

2022年，商用车产量为319万辆，同比下降31.9%。商用车受前期环保和超载治理政策下的需求透支影响，叠加疫情使商业物流受限和油价高位等因素，商用车整体需求下降，但海外市场表现亮眼，全年商用车累计出口58万辆，同比增长44.9%，其中新能源商用车出口3万辆，同比增长1.3倍，中国商用车品牌海外影响力不断提升。从各月情况看，1月开局良好；3月开始，疫情导致各地复工复产和基建投资启动延缓，商用车产销出现大幅下滑；6-9月，由于销售库存车和轻卡"购车潮"，商用车整体产销有所提升；9 月后，商用车产销继续下降。分车型情况看，货车产量下降 33.4%，客车下降 19.9%。乘用车和商用车各车型产量及增长情况见表 2-4。

表 2-4　2022 年汽车分车型生产表

指标	1-12 月累计/万辆	累计同比/%
汽车产量	2702	3.4
乘用车	2384	11.2
轿车	1119	12.5
MPV	95	−11.3
SUV	1138	13.5
交叉型	32	−20.3
商用车	319	−31.9
客车	41	−19.9
货车	278	−33.4

数据来源：中国汽车工业协会。

（3）汽车产量增速高于销量，库存明显上升。2022 年，汽车销量 2686 万辆，同比增长 2.1%，增速低于产量 1.3 个百分点。从月度销量数据看，变化趋势与产量基本一致。

从 2012-2022 年库存情况看，2017 年汽车厂商库存达到最高位，随后开始明显回落，2022 年末，汽车厂商库存 104.5 万辆，同比增长 23.7%，虽明显上升，但厂商库存总体处于合理水平（图 2-22）。

从月度库存情况看，由于 2022 年汽车市场受不利因素影响，终端库存压力大，1-11 月，库存量整体呈上升趋势。12 月随着企业控制生产，叠加终端市场消费回暖，终端库存压力有所缓解。12 月厂商库存 104.5 万辆，较上月下降 13%，回归合理水平。

12 月，汽车经销商综合库存系数为 1.07，环比下降 43.1%，同比下降 25.2%，库存水平位于警戒线以下。12 月"新十条"出台后，市场恢复叠加车购税及新能源补贴政策到期，汽车消费在 12 月下旬出现强势反弹，销量大幅增长，此外经销商终端优惠力度较大，经销商整体库存水平大幅下降至荣枯线以下（图 2-23）。

图 2-22　2012-2022 年汽车厂商库存及产销率情况

数据来源：中国汽车工业协会

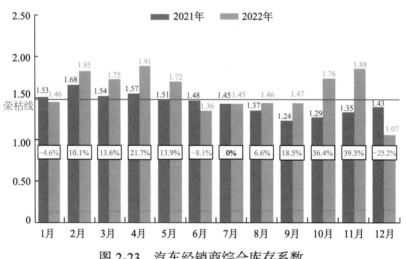

图 2-23　汽车经销商综合库存系数

数据来源：中国汽车流通协会

（4）**新能源汽车产销继续大幅增长**。我国新能源汽车近年来高速发展，连续 8 年位居全球第一。在政策和市场的双重作用下，2022 年，新能源汽车继续保持强势增长，产销分别完成 706 万辆和 689 万辆，同比分别增长 96.9%和 93.4%，销售占比达到 25.6%，高于上年 12.1 个百分点。纯电动汽车销量 537 万辆，同比增长 81.6%；插电式混动汽车销量 152 万辆，同比增长 1.5 倍，插电式混合动力车增速高于纯电动车。近年来新能源汽车销量情况及增速如图 2-24 所示。

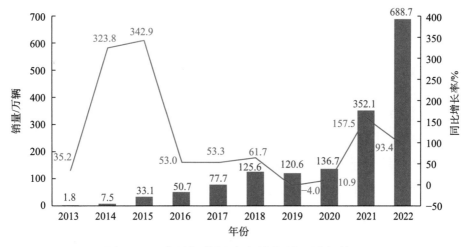

图 2-24　我国新能源汽车销售量及增长情况
数据来源：中国汽车工业协会

（5）**汽车出口同比大幅增长**。2022 年，海外供给不足，中国车企出口竞争力大幅增强，出口突破 300 万辆，达到 311 万辆，同比增长 54.4%（图 2-25），有效拉动行业整体增长。分车型看，乘用车出口 253 万辆，同比增长 56.7%；商用车出口 58 万辆，同比增长 44.9%，新能源汽车出口 68 万辆，同比增长 1.2 倍。近两年中国汽车出口实现了跨越式突破。

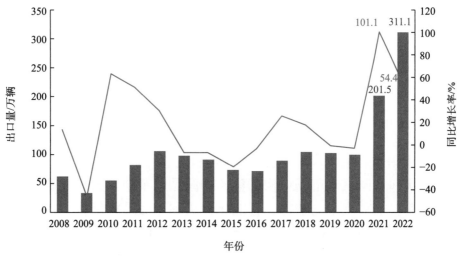

图 2-25　2008-2022 年汽车出口量及增长情况
数据来源：中国汽车工业协会

（6）**市场集中度小幅下降**。2022 年，汽车销量排名前十位的企业集团销量合计为 2315 万辆, 同比增长 2.3%, 占汽车销售总量的 86.2%（表 2-5）, 较 2021 年提升 0.2 个百分点。在汽车销量排名前十位企业中, 与 2021 年相比, 比亚迪在新能源市场的持续走强, 销量增速最为明显。广汽、奇瑞呈两位数快速增长, 长安、吉利呈个位数增长, 其他企业则呈不同程度下降。2022 年, 新能源汽车销量排名前十位的企业集团销量合计为 568 万辆, 同比增长 1.1 倍, 占新能源汽车销售总量的 82.4%, 较 2021 年提高 5.9 个百分点。在新能源销量排名前十位企业中, 比亚迪累计销量超过 180 万辆, 各企业销量同比均有不同程度增长。

表 2-5　2022 年我国汽车行业市场集中度情况

2022 年市场集中度	企业名称	2022 年销量/万辆	同比/%	市场份额/%
前三家 42.1%	上汽	519.2	−3.2	19.3
	一汽	320.4	−8.5	11.9
	东风	291.9	−10.9	10.9
前五家 59.9%	广汽	243.5	13.6	9.1
	长安	234.6	2.0	8.7
前十家 86.2%	比亚迪	186.9	150.9	7.0
	北汽	145.3	−15.7	5.4
	吉利	143.3	7.9	5.3
	奇瑞	123.0	28.2	4.6
	长城	106.8	−16.7	4.0

数据来源：中国汽车工业协会。

（7）中国品牌乘用车市场份额明显提升。受海外新冠疫情对其汽车产业链的影响和我国汽车市场结构调整, 中国品牌车企紧抓新能源、智能网联转型机遇, 推动汽车电动化、智能化升级和产品结构优化, 得到广大消费者青睐, 企业国际化的发展更不断提升品牌影响力。近年来, 中国品牌乘用车竞争力和市场占有率逐步提升。2022 年中国品牌乘用车销量 1177 万辆, 同比增长 22.8%, 远高于乘用车销量平均增速, 市场份额达到 49.9%, 比 2021 年上升 5.4 个百分点。近年来各系乘用车市场份额变化情况如图 2-26 所示。

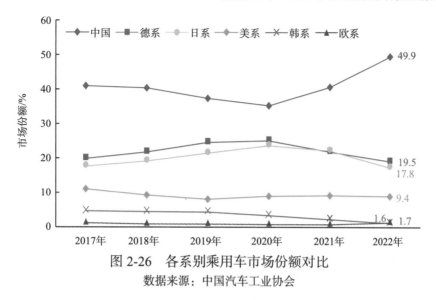

图 2-26 各系别乘用车市场份额对比

数据来源：中国汽车工业协会

（8）芯片短缺、电池原料价格高位等影响行业发展。供应链方面的稳定性仍是汽车行业稳增长的关键，预计全球半导体短缺及结构性短缺仍将持续，汽车行业和许多其他行业的芯片危机将持续数年。2022 年全球车规级芯片供应依然紧张，且"缺芯"呈现出新的特点，由 2021 年的全类型短缺转变为目前的结构性短缺，主要集中在英飞凌、恩智浦、意法半导体等主流品牌，包括控制类、功率器件类、电源类芯片等，企业缺口依然较大。此外，国产芯片替代存在大投入、负回报等问题，致使主机厂替代积极性低。当前国际形势更趋严峻复杂，美国拜登政府签署《芯片和科学法案》，限制中国芯片产业发展，阻碍中国汽车产业智能化进程。

此外，高速发展的新能源汽车对上游动力电池原材料带来极大的需求，上游资源开发不及新能源汽车发展速度，动力电池等大宗原材料价格持续高位运行，供应链稳定面临挑战。

2. 2022 年汽车行业用钢情况

汽车行业是我国重点用钢行业之一，我国每年用于汽车行业的钢材占钢材总消费的 6% 左右。薄板、中板、带钢、型钢、优质棒材、钢管、特殊合金钢等品种均被应用于汽车制造，汽车用钢中板材占总量的 70% 左右。随着新能源汽车发展迅速，产销量和市场占有率大幅提升，对高强、超高强汽车用钢及高牌号汽车电机用电工钢需求呈现增长趋势。

汽车板系列产品与我国其他钢铁产品相比集中度较高，但与上游原料行业和下游汽车生产企业相比，集中度仍然较低，导致市场出现大幅波动时，汽车板生产企业相对被动。随着钢厂装备水平和产品质量的提升，汽车板生产企业增多，产品同质化竞争激烈，汽车用钢的单耗下降趋势，供需平衡和产品升级及差异化定位问题值得汽车板生产企业重视。

2022年汽车生产结构上，乘用车比重上升，新能源比重上升，商用车比重下降，汽车用钢单耗系数较2021年将继续下降。根据汽车及零部件产量和结构测算，全年我国汽车行业用钢同比下降约4%。

（四）家电行业

2022年，家电行业总体平稳运行，主营业务收入小幅增长，主要家电产品产量多数有所下降，市场需求面临内外双弱压力。内需方面，房地产市场深度调整，居民可支配收入增长放缓，家电行业国内市场需求和消费信心不足，消费意愿不强；出口市场方面，欧美高通胀持续，需求放缓，同时海外产能陆续恢复，出口有所下滑。全年三大白电产品产量两升一降，洗衣机产量同比增长4.6%，空调增长1.8%，电冰箱下降3.6%；小家电产品产量降幅总体高于大家电产品。

1. 家电行业运行情况

（1）三大白电产量两升一降。2022年，三大白电产量两升一降，其中空调产量22247万台，同比增长1.8%；家用洗衣机产量9106万台，同比增长4.6%；家用电冰箱产量8664万台，同比下降3.6%。2015-2022年，三大白电产品产量情况如图2-27-图2-29所示。

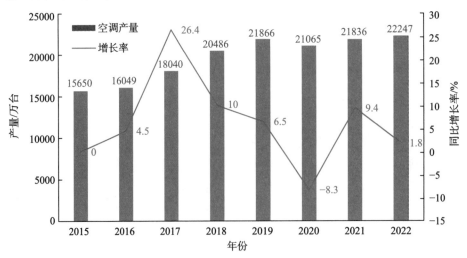

图2-27　2015-2022年空调产量及增速情况
数据来源：国家统计局

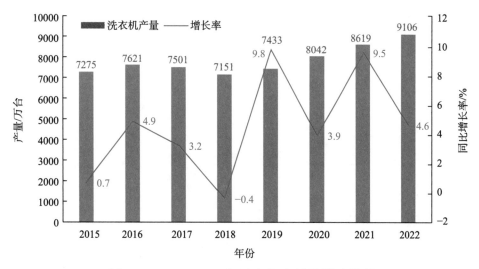

图 2-28　2015-2022 年洗衣机产量及增速情况

数据来源：国家统计局

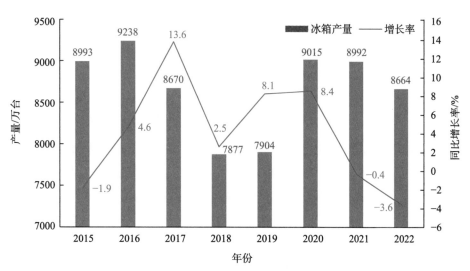

图 2-29　2015-2022 年电冰箱产量及增速情况

数据来源：国家统计局

从增速变化情况来看，三大白色家电月度产量累计增速总体呈现一至三季度前低后高、逐月回升、四季度增速下降的特点，详情如图 2-30 所示。

（2）家电内销总体疲软，家庭健康类产品表现较好。2022 年家电内销市场受国内新冠疫情多点散发及房地产市场调整影响，持续表现出疲软态势，二季度和四季度受电商促销拉动，表现相对较好，年末疫情影响缓解，市场有一定复苏迹象。细分领域来看，居于主导地位的白电产品占行业总

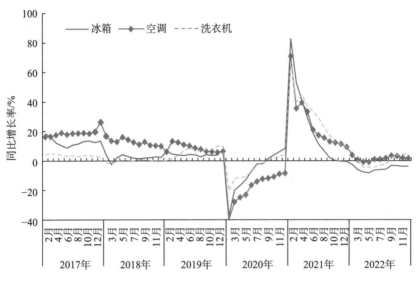

图 2-30 近年来三大家电产品产量累计同比增速情况

数据来源：国家统计局

产值约 70%，头部品牌集中，引领智能家居；厨电行业持续遇冷，各品类产品产量多数有所下降；健康家电、新兴品类家电在疫情期间表现好于行业平均水平。虽然 2022 年家电市场整体疲软，增长压力持续，但智能、健康家电、新兴品类家电在疫情期间仍有良好表现。疫情期间，居民健康意识显著提升，家庭防范措施明显加强，消毒、清洁、健康概念类家电关注度显著提升，销售普遍好于普通产品。受关注的健康家电主要有三类：一是健康洗涤产品，如健康洗衣机（自清洁/免污洗衣机、分区洗衣机等)、洗碗机、干衣机等；二是健康饮食相关家电，如保鲜冰箱、消毒柜、各类带"蒸"功能的产品、养生壶、破壁机、低糖电饭煲等；三是健康家居产品，如自清洁空调、自清洁吸油烟机等。

（3）**家电产品出口量、出口额均下降。**中国是全球规模最大、品种最全的家电生产与出口大国。2022 年，受世界经济高通胀、俄乌冲突、经济复苏放缓及国外生产力恢复等因素影响，我国家电企业出口承压，全年出口家电及模块组件 33.7 亿台，同比下降 13.0%，出口额 5681.6 亿元人民币，同比下降 10.9%。2022 年家电产品月度出口量呈现前高后低态势（图 2-31)。

2022 年，三大白电产品出口量均有不同程度下降，其中电冰箱出口 5489 万台，同比下降 22.9%；空调出口 4592 万台，同比下降 13.0%，洗衣机出口 2062 万台，同比下降 5.9%。小家电方面，多品类延续 2022 年下半年以

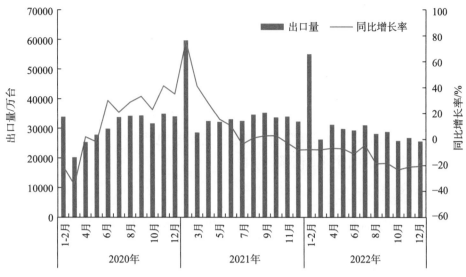

图 2-31　近年来家电产品月度出口量及增速情况

数据来源：国家统计局

来的量、额同降态势，上半年表现相对较好的个人护理类和衣物护理类产品在下半年也趋于走弱。零部件方面，2022 年家电零部件保持两位数增长，其中空调压缩机出口量有所下降，空调零部件增长 18.2%，增势保持稳健。

（4）家电行业产品升级趋势明显。近年来，家电行业产品消费升级趋势明显，大家电产品呈现出数字智能、健康抗菌、变频节能、绿色环保等趋势，小家电方面创新趋势明显，不断有新类型产品加入市场。家电行业产品与消费同步升级，获得一定增长动能。根据消费需求向市场推出精准控温、干湿分储大容量/多门冰箱，免清洗/滚筒波轮复合式洗衣机，融茶几冷柜功能的冰吧，三合一水槽洗碗机，舒适性与艺术化的变频空调等多种创新产品。新冠疫情以来，附加净化、杀菌功能的家电产品及新型厨卫家电比较受市场欢迎。

2. 2022 年家电行业用钢情况

家电行业是重要下游用钢行业之一，家电行业产品中大家电产品用钢材占总消费量的 80% 左右，小家电及零部件约占 20%，板材类产品则占全品类钢材消耗的 90% 左右。具体品种主要包括普通冷轧、热轧板、镀锌板、酸洗板、彩涂板、不锈钢和电工钢板等品种。

近年来，随着家电行业厨房电器新品类上升，电冰箱、洗衣机品质升级，不锈钢需求增加；家电产品能效升级，高牌号电工钢需求增加；随着家电产品高档化、轻量化，其对钢材性能也提出了新要求。此外，家电及其零部件用钢与家电产品共同适应消费市场，不断创新升级，从而巩固我国家电行业产业链优势。

家电行业钢材需求量主要决定于家电产品的生产规模，尤其是单位用钢量较大的大家电产品。2022年，根据主要家电产品及零部件产量测算，我国家电行业用钢同比小幅下降约1%。

（五）船舶行业

2022年，国际航运市场处于上升周期，船舶行业延续温和回升态势，气体船、汽车船和集装箱船需求较为旺盛。我国船舶行业经济运行总体平稳向好，国际市场份额连续多年保持领先，造船三大指标一升两降，造船完工量小幅下降，新承接订单量高位回落，手持订单量持续回升。

1．船舶行业运行情况

（1）我国三大造船指标一升两降，市场份额长居世界首位。 2022年，我国造船三大指标一升两降，其中造船完工量3786万载重吨，同比下降4.6%，新承接订单量4552万载重吨，同比下降32.1%，手持订单量10557万载重吨，同比增长10.2%，近年来造船主要指标情况如图2-32-图2-34所示。

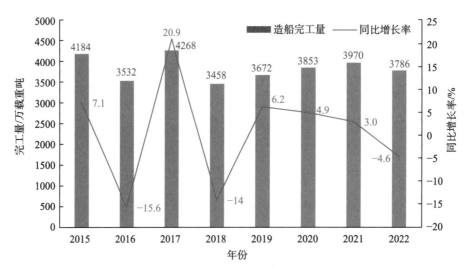

图2-32　2015-2022年造船完工量情况
数据来源：中国船舶工业行业协会

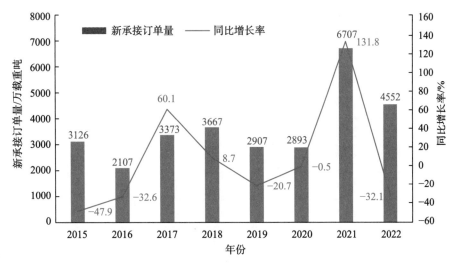

图 2-33　2015-2022 年新承接订单情况

数据来源：中国船舶工业行业协会

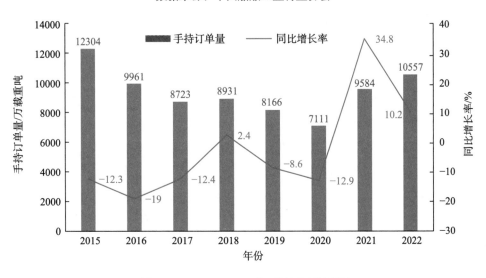

图 2-34　2015-2022 年手持订单情况

数据来源：中国船舶工业行业协会

中国造船业市场份额连续 13 年位居世界首位。我国骨干船企保持较强国际竞争力，分别有 6 家企业进入世界造船完工量、新接订单量和手持订单量的前 10 强。2022 年，我国造船完工量、新接订单量、手持订单量分别占世界市场份额的 47.3%、55.2% 和 49.0%，比重较上年同期均有所提升（表 2-6）。

我国船舶出口金额 238.5 亿美元，同比增长 7.9%。出口船舶产品中，

表 2-6　2022 年世界主要造船国家三大指标

指标		世界	中国	韩国	日本
造船完工量	万载重吨	8011	3786	2400	1572
	占比重/%	100.0	47.3	30.0	19.6
新承接订单量	万载重吨	8241	4552	2395	912
	占比重/%	100.0	55.2	29.1	11.1
手持订单量	万载重吨	21565	10557	6817	3061
	占比重/%	100.0	49.0	31.6	14.2

注：此表世界数据来源于克拉克松研究公司，并根据中国的统计数据进行了修正。

数据来源：克拉克松研究公司，中国船舶工业行业协会。

散货船、油船和集装箱船仍占主导地位，三者出口金额合计 123.8 亿美元，占出口总金额的 51.9%。我国船舶产品共出口到 191 个国家和地区，向亚洲、欧洲、拉丁美洲出口船舶金额分别为 122.8 亿美元、40.5 亿美元和 20.6 亿美元。

（2）船舶工业主要经营指标同比增长，海工装备去库存效果明显。2022年，全国规模以上船舶工业企业 1093 家，实现主营业务收入同比增长 8.0%。2022 年，国际油价高位波动，布伦特国际原油现货价格一度攀升至 139 美元/桶，创金融危机以来新高，带动全球海洋油气装备市场需求扩大，国内海洋工程装备企业抓住机遇，"去库存"取得积极成效，其中，中国船舶集团交付了 2 座自升式钻井平台和 6 艘海洋工程辅助船；招商局工业集团交付了 2 座钻井平台、3 座多功能服务平台和 1 艘其他装备；中远海运重工有限公司交付了 2 艘海洋工程辅助船；烟台中集来福士海洋工程公司 1 艘半潜式钻井平台和 1 艘自升式钻井平台获得租约。

（3）高端装备取得新突破，新承接订单结构优化。2022 年，我国船企持续加大研发力度，在高技术船舶与海洋工程装备领域取得新的突破。24000 标准箱集装箱船、17.4 万立方米大型 LNG 等高端船型实现批量交船，国产首艘大型邮轮实现主发电机动车重大节点，第二艘大型邮轮顺利开工建造。10 万吨级智慧渔业大型养殖工船、第四代自升式风电安装船、圆筒型 FPSO（浮式生产储卸油装置）等海洋工程装备实现交付。30 万吨级 LNG 双燃料动力超大型油船（VLCC）、20.9 万吨纽卡斯尔型 LNG 双燃料动力散货船、4.99 万吨甲醇双燃料动力化学品/成品油船等绿色动力船舶完工交付。全年新接订单中绿色动力船舶占比达到 49.1%，创历史最高水平。

2022 年，在全球 18 种主要船型中，我国共有 12 种船型新接订单位列世界第一，其中新接散货船、集装箱船、汽车运输船和原油船新接订单分别占全球总量的 74.3%、56.8%、88.7% 和 66.1%。特别是在大型 LNG 船领域取得重大突破，全年新接大型 LNG 船订单国际市场份额首次超过 30%。全年新接船舶订单结构优化提升，修载比（修正总吨/载重吨）达到 0.468，为历史最好水平。

（4）船舶行业结构调整步伐加快。 金融危机以来，全球船舶工业结构调整步伐加快，船企间淘汰落后，兼并重组等行为频繁发生，一批产品有品牌、技术有实力的企业在大浪淘沙中脱颖而出，行业集中度不断提高，同时也改变了原有环渤海湾、长三角和珠三角三大造船基地的传统格局，长三角地区目前三大造船指标均占到我国造船产量的 70%，远远领先于其他地区。

2022 年，我国造船完工量前 10 家企业集中度为 64.9%，新接订单量前 10 家企业集中度为 63.6%，手持订单量前 10 家企业集中度为 65.8%，继续保持较高水平。

（5）国产配套产品应用加速，产业链安全水平增强。 2022 年，国产船用主机、船用锅炉、船用起重机、船用燃气供应系统(FGSS)等配套设备装船率持续提高，大连华锐第 1000 支船用曲轴下线交付，全球首台带智能控制废气再循环系统的双燃料主机完工交付。船用高端钢材研制能力不断提高，大型集装箱船用止裂板全部实现国产替代，化学品船用双相不锈钢国产化率由不足 50% 提高至 90% 以上，国产高锰钢罐项目顺利开工，国产薄膜型 LNG 船罐专用不锈钢通过专利公司认证，国产 LNG 船波纹板全位置自动焊接装备研制成功。随着配套产品国产化率不断提升，船舶行业产业链供应链安全水平明显提升。

2. 2022 年船舶行业用钢情况

第一，集装箱船用止裂板需求增加。近两年以来，全球集装箱船市场持续火爆，我国船企批量承接各类集装箱船订单 3730 万载重吨，特别是在超大型集装箱船领域取得较大突破，共承接了 110 艘 15000 标准箱及以上超大型集装箱船订单。部分骨干船企生产已经安排至 2025 年。集装箱船订单的大幅增长将显著带动船用高强度止裂板的需求，根据不同船型的综合测算，2022 年新增高强度止裂板需求 150 万吨。

第二，双燃料船顺应环保趋势快速发展，带动 9Ni 钢需求增加。2021 年以来，我国船舶企业在各型绿色燃料船舶上均获得了批量订单，新接订单和手持订单中绿色燃料船舶按载重吨计占比在全部订单中已经分别达到了 49.1% 和 27.6%。双燃料动力船舶以 LNG 燃料为驱动，配备不同标准的 LNG 燃料罐，通过双燃料动力，可以比单一燃油动力有效降低 22% 的二氧化碳排放、93% 的颗粒物排放、82% 的氮氧化合物排放以及 98% 的硫化物排放。目前，各类型船舶 LNG 燃料罐主要以 9Ni 钢为主，带动相应钢材的需求。此外，以高锰钢为原材料的 LNG 燃料罐正在中、韩等主要造船国中加紧推进产业化。

第三，新型海工需求增加。从近两年市场需求来看，以海洋牧场为主体的深远海养殖装备，以绿色环保升级换代为主的海洋油气开发和以陆地和海上风电为主体的新能源产业快速发展，这些新兴市场的爆发式增长，都给船舶及海工产业带来了新的视野和新的用钢需求。特别是风电产业，海上风电塔筒及导管架用钢和深远海养殖装备用钢需求有一定增长空间。

第四，LNG 船需求大幅增加，殷瓦钢和不锈钢波纹板需求增加。俄乌冲突发生后，随着欧洲宣布对俄罗斯能源实施制裁，欧洲逐步摆脱对俄罗斯管道气的强依赖。未来欧洲势必会寻求增加对美国、中东等国家的 LNG 进口，而俄罗斯也将增强向中、印等亚洲国家的 LNG 海运出口力度。运距增加导致 LNG 吨海里运力需求上升，对世界 LNG 船造船市场产生利好。2022 年，全球大型 LNG 船已成交约 150 条，创历史新高，大型 LNG 船的旺盛需求预期将持续较长时间。我国 4 家船舶企业已承接 38 艘大型 LNG 船订单。17.4 万立方米大型 LNG 船单船使用殷瓦钢约 500 吨，单船使用不锈钢波纹板（成品板）约 400 吨的，如果考虑到切割和加工用量约为 500 吨。未来 5-10 年，国内每年大约承接 20 艘大型薄膜型 LNG 运输船。

第五，船舶行业智能化发展对造船用钢材料提出新要求。船舶行业升级智能化生产线，对船用钢材表面光洁度、钢板尺寸规格等质量稳定性和标准化，以及钢材配送方式均提出了更加严格的要求。钢铁企业应密切关注船厂在智能制造流水线升级改造后对造船用钢的新要求。

钢铁工业和船舶工业的合作由来已久，我国造船用船板无论从产品产量和质量上都基本上满足了国内船企快速发展的需求，并且钢铁企业在高技术、高附加值船舶产品用钢领域不断探索，与船舶企业在高端品种领域开展联合攻关，实现了多型产品的突破和产业化应用，为我国成为造船大国打下坚实基础。

2022 年，根据我国造船量、结构、修船和其他海洋工程情况，我国船舶行业用钢约 1610 万吨，同比增长约 2%。

（六）集装箱行业

1. 集装箱行业运行情况

（1）集装箱产量大幅下降，降幅逐月扩大。我国是世界集装箱第一制造大国，占世界产量 96% 左右，所产集装箱中超 80% 用于出口，行业景气程度主要取决于全球贸易情况。受全球疫情、通胀压力和局部地区冲突升级影响，国际贸易复苏放缓，叠加 2021 年集装箱爆发式增长带来的需求透支和高库存，集装箱产量大幅下降，逐步回归至历史正常水平。2022 年全年生产金属集装箱 14758 万立方米，约合 280 万标准箱，同比下降 36.9%（图 2-35）。从月度生产情况来看，2022 年我国金属集装箱月度产量呈前高后低态势（图 2-36）。

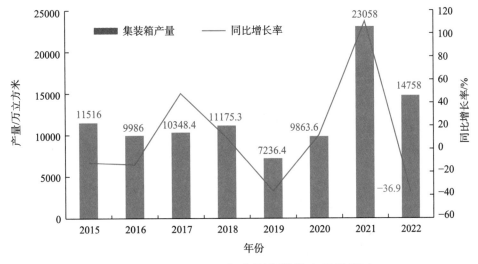

图 2-35　2015-2022 年我国集装箱产量及增速

数据来源：国家统计局

（2）我国集装箱吞吐量保持增长。2022 年，全国港口集装箱吞吐量同比增长，趋势回暖向好，全年共完成集装箱吞吐量 29587 万标准箱，同比增长 4.7%。其中，沿海港口完成 26073 万标准箱，同比增长 4.6%；

内河 3515 万标准箱，同比增长 5.2%。全国各大港口集装箱吞吐情况见表 2-7。

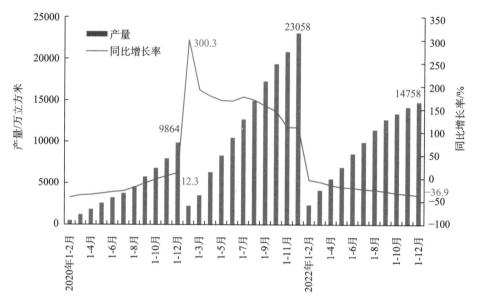

图 2-36 近年来我国集装箱月度累计产量及增速情况

数据来源：国家统计局

表 2-7 2022 年我国港口集装箱吞吐情况

名词	港名	2022 年 1-12 月/万标准箱	2022 年 12 月/万标准箱	同比增速/%
全国	总计	29587	2530	4.7
沿海	合计	26073	2226	4.6
1	上海港	4730	411	0.6
2	宁波-舟山港	3335	209	7.3
3	深圳港	3004	320	4.4
4	青岛港	2567	207	8.3
5	广州港	2460	215	1.7
6	天津港	2102	106	3.7
7	厦门港	1243	112	3.2

续表 2-7

名词	港名	2022 年 1-12 月/万标准箱	2022 年 12 月/万标准箱	同比增速/%
8	北部湾港	702	78	16.8
9	日照港	580	35	12.2
10	连云港	557	56	10.6
内河	合计	3515	304	5.2
1	苏州港	908	81	11.9
2	佛山港	322	28	−13.1
3	南京港	320	28	2.9

数据来源：中国港口集装箱协会。

（3）**集装箱运价指数大幅下降**。2022 年初开始，集装箱运价指数连续大幅下降，由年初的 3200 点左右，一路下降至 2022 年末的 800 点，下降约 2400 点，降幅超 70%（图 2-37）。

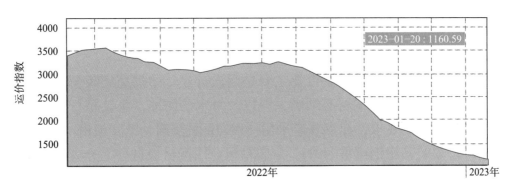

图 2-37 2022-2023 年我国集装箱运价指数
数据来源：上海航运交易所

（4）**集装箱制造格局保持稳定，高度集中**。全球前 10 大集装箱港口中，中国集装箱港口占据 7 席，集装箱生产制造企业已经形成围绕大型集装箱港口布局的整体格局。中国集装箱生产工厂主要集中在环渤海地区、长三角地区和珠三角地区，其中长三角地区集装箱产能占中国总产能约 45%。市场主要为大集团主导，产业高度集中，中集集团、上海寰宇、新华昌集团、胜狮货柜、富华集团、浙江泛洋六家集装箱制造企业占据中国集装箱市场 95%份额，其中中集集团占比超 40%。

（5）**集装箱生产能力覆盖所有品种，供应链体系完备。**我国生产集装箱的规格品种世界第一，从干货集装箱到一般货物集装箱，以及特种集装箱、箱式运输车，具备生产能力的规格品种达 900 多个，能满足各种运输需求。我国也是全球唯一能够提供包括干货集装箱、罐式集装箱、冷藏箱集装箱在内三大系列集装箱产品以及其他物流装备的设计、制造、维护等"一站式"服务的国家。中国集装箱行业形成了以造箱企业为中心，集装箱用木地板、集装箱涂料、角件、锁杆等零部件生产企业为配套的完整供应链体系。

（6）**多式联运及重要物流通道建设将加速推进。**随着国家对多式联运发展的持续推动，国内运输市场的集装箱化程度越来越高，内贸集装箱在我国集装箱产销量中所占份额从 6 年前的 2%上升到 9%，预计这一比例还会增长。"公转铁""公转水"和"散改集"的市场空间很大。中国内陆多式联运的 35 吨铁路集装箱、保温集装箱在当前的市场需求程度以及未来的市场发展空间较大，企业的发展重点将与集装箱市场的需求相吻合。中集集团、上海寰宇（中远海运集团旗下）和新华昌集团等主要造箱企业已经投入生产相关产品。

2. 2022 年集装箱行业用钢情况

集装箱行业产业链上游行业主要是钢铁行业。为提高集装箱的使用年限，缩减使用成本，钢材必须耐大气以及海水的腐蚀，集装箱行业对所用钢材有着较高的要求，业界普遍采用 SPA-H 耐候钢，厚度规格 1.5-10mm 钢板，占集装箱用钢比重 99%。集装箱行业用钢材板材种类分为集装箱用中板、集装箱用热轧薄板、集装箱用冷轧薄板、集装箱用中厚宽钢带、集装箱用热轧薄宽钢带、集装箱用冷轧薄宽钢带等。

我国集装箱高强化、轻量化、耐候发展方向不变，高强耐候热轧板卷仍是行业主要用钢品种。更薄更轻的钢板减轻重量的同时也扩大了集装箱有效容积率，集装箱的发展趋势需要用高强度和更薄规格钢板，标准箱用钢材量单耗也逐渐减少，每标准箱用钢约 1.8 吨。此外，为了提高集装箱的使用寿命、节约成本，要求钢板具有高的耐大气腐蚀和海水腐蚀性能。我国集装箱用钢在数量上已经完全可以满足集装箱行业发展的需要，随着保温集装箱、罐式集装箱、台架式集装箱和动物集装箱等专用集装箱的快速发展，对钢材材质和耐蚀性能提出了新的要求，双相不锈钢、耐低温低合金结构钢需求量增加。

根据集装箱产量及结构情况,2022 年我国集装箱行业用钢约 580 万吨,同比减少约 40%。从需求品种来看,700 兆帕级以上高强集装箱板,双相不锈钢、耐低温低合金结构钢等专用集装箱用钢,以及 ESP 板为代表的低成本集装箱板市场需求比例增加。

（七）铁路行业（铁道）

2022 年,全国铁路建设顺利推进,一大批铁路项目开工建设,但总体建设进度有所放缓。

1. 铁路投资与建设情况

（1）铁路固定资产投资及投产新线小幅下降。2022 年,全国铁路固定资产投资完成 7109 亿元,同比下降 5.1%（图 2-13）。

2022 年以来,铁路投资持续低位运行,铁路固定资产投资已经连续 9 个月呈减少态势。2022 年全国铁路投产新线 4100 公里,其中高铁 2082 公里,超额完成任务。截至 2022 年底,全国铁路营业里程 15.5 万公里,同比增长 3.3%,其中高铁 4.2 万公里,同比增长 5%（图 2-38）。高铁里程稳居世界第一。全国铁路固定资产投资由机车车辆投资（装备投资）和基本建设投资组成,机车车辆投资是用作购买和维护机车车辆的费用,基本建设投资用作建设铁路新线。以基建投资在固定资产投资中的历年占比看,固定资产投资中的 85%-90% 为基建投资。

图 2-38　中国铁路运营里程

数据来源：国家铁路局,交通运输部

（2）**重点项目有序推进**。川藏铁路攻坚态势进一步发展巩固，《中华人民共和国国民经济和社会发展第十四个五年规划和 2035 年远景目标纲要》确定的 102 项重大工程中的铁路项目顺利推进；京雄商高铁雄安新区至商丘段、天津至潍坊高速铁路、瑞金至梅州铁路等 26 个项目开工建设，和田至若羌铁路、合杭高铁湖杭段、银川至兰州高铁中卫至兰州段等 29 个铁路项目建成投产。

（3）**铁路旅客运输大幅减少，货运同比增长**。受新冠疫情影响，2022年国家铁路旅客发送量 16.7 亿人，同比减少 35.9%（表 2-8），主要受疫情影响；货物总发送量 49.8 亿吨，同比增加 4.4%，铁公、铁水联运稳步推进，运输保障能力进一步增强。

表 2-8　2022 年铁路运营情况

指标	计算单位	2022 年	同比/%
一、铁路运输			
1. 旅客发送量	万人	167296	−35.9
2. 旅客周转量	亿人公里	6577.53	−31.3
3. 货运总发送量	万吨	498424	4.4
4. 货运总周转量	亿吨公里	35945.69	8.1
二、铁路固定资产投资完成额	亿元	7109	−5.1

数据来源：交通运输部。

2. 2022 年铁道用钢情况

2022 年国家铁路建设整体趋势放缓，四季度以来加快了投资建设步伐，重点项目有力推进，尽管投资和新建里程数仍同比下降，但过往几年开工建设的铁路项目逐渐进入铺轨阶段。因此，2022 年我国铁道用材消耗量约400 万吨，同比增长约 8%。

（八）能源行业（油气输送）

2022 年，面对复杂严峻的国内外形势，能源行业以保障能源安全稳定供应为首要任务，充分发挥煤炭主体能源作用，不断提升油气勘探开发力度，大力发展多元清洁供电体系，有力保障了经济社会稳定发展和持续增长的民生用能需求。

1. 能源行业运行情况

（1）**能源生产稳步增长**。2022 年，规模以上工业煤油气电等主要能源产品生产均保持增长，能源供应保障能力稳步提升。原油产量继续回升，天然气持续增产。油气生产企业持续加强勘探开发，增加储备，提高产量，提升油气自给能力。2022 年，规模以上工业原油产量 20467 万吨，比上年增长 2.9%，2016 年以来首次回升至 2 亿吨以上。月度产量水平较为稳定，均保持在 1700 万吨左右（图 2-39）。

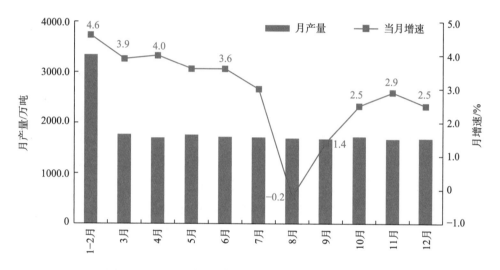

图 2-39　2022 年规模以上工业原油产量月度走势

数据来源：国家统计局

2022 年天然气产量 2201 亿立方米，比上年增长 6.0%，连续 6 年同比增产量超 100 亿立方米。月度产量来看，一季度和四季度月产量较高（图 2-40）。

（2）**能源消费结构持续优化**。2022 年能源消费总量比上年增长 2.9%。非化石能源消费占能源消费总量比重较上年提高 0.8 个百分点，其中煤炭比重提高 0.2 个百分点，石油比重下降 0.6 个百分点，天然气比重下降 0.4 个百分点。

天然气消费缓中趋稳，成品油消费分化明显。2022 年，天然气表观消费量 3663 亿立方米，下降 1.7%。其中，汽油同比下降 4.6%，柴油同比增长 11.8%，航空煤油同比下降 32.4%。

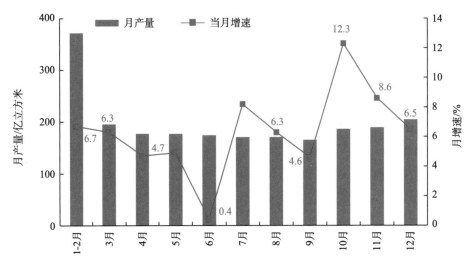

图 2-40 2022 年规模以上工业天然气产量月度产量及同比增长率情况

数据来源：国家统计局

（3）投资保持高速增长。2022 年，我国石油天然气管网基础设施加速建设，多个国家重点项目应开尽开、应早尽早开工建设。中俄东线天然气管道工程、西气东输三线中段工程、文 23 储气库二期工程、山东龙口液化天然气接收站工程等一批在建项目均按计划有序推进，12 月 7 日，中俄东线天然气管道泰安至泰兴段正式投产。国家管网集团加紧加密布局粤港澳大湾区、长江经济带、东南沿海沿江等经济发达区域，全力推进一批国家重大项目，聚焦漳州液化天然气接收站等 71 个骨干项目，11 月 8 日，国家管网集团川气东送管道增压工程（二期）全面完成，为完善我国油气管道基础设施建设提供了重要支撑。

（4）对外贸易持续增长，贸易逆差增加。根据海关总署快讯数据，2022 年我国进口原油 50828 万吨，比上年下降 0.9%；进口天然气 10925 万吨，比上年下降 9.9%。原油、天然气各月进口量及同比增速情况如图 2-41 和图 2-42 所示。

2. 2022 年能源行业（油气输送）用钢情况

2022 年，我国能源行业用钢保持稳定增长，管线用钢消费量约 460 万吨，同比增长 15.0%。

（九）电力行业（电工钢）

2022 年，电力行业积极落实"双碳"目标新要求，有效应对极端天气

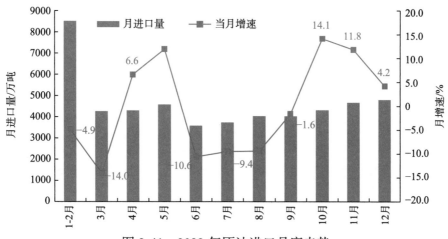

图 2-41 2022 年原油进口月度走势
数据来源：国家统计局

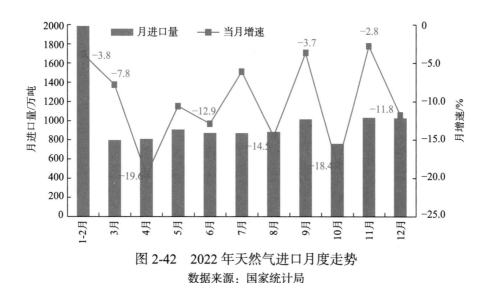

图 2-42 2022 年天然气进口月度走势
数据来源：国家统计局

影响，全力以赴保供电、保民生，为新冠疫情防控和经济社会发展提供了坚强电力保障。全社会用电量、新增发电装机容量呈现增长趋势，电源和电网投资保持增长。

1. 电力行业运行情况

（1）电源工程及电网工程投资同比增长。2022 年，全国主要发电企业电源工程建设投资完成 7208 亿元，同比增长 22.8%。其中，核电 677 亿元，同比增长 25.7%。电网工程建设投资完成 5012 亿元，同比增长 2.0%。水电、核电、风电等清洁能源完成投资占电源完成投资的 86% 以上。

（2）全社会用电量增加。2022 年，全国全社会用电量 8.64 万亿千瓦时，同比增长 3.6%。一、二、三、四季度，全社会用电量同比分别增长 5.0%、0.8%、6.0% 和 2.5%，受疫情等因素影响，二、四季度电力消费增速回落。全社会月度用电量及其增速如图 2-43 和图 2-44 所示。

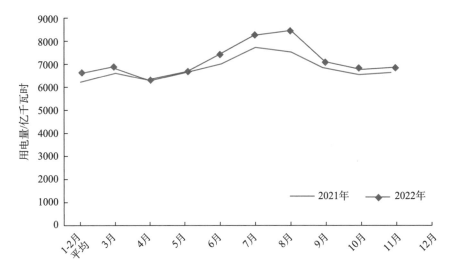

图 2-43　2021 年、2022 年全社会月度用电量
数据来源：中国电力企业联合会

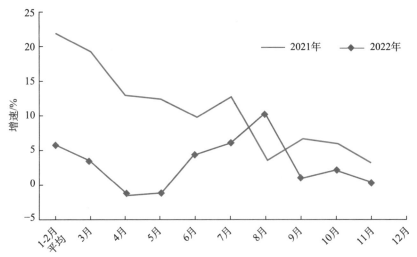

图 2-44　2021 年、2022 年全社会月度用电量增速
数据来源：中国电力企业联合会

分产业看，第一产业用电量 1146 亿千瓦时，同比增长 10.4%。其中，农业、渔业、畜牧业用电量同比分别增长 6.3%、12.6%、16.3%。第二产业

用电量 5.7 万亿千瓦时，同比增长 1.2%。各季度增速分别为 3.0%、-0.2%、2.2% 和 -0.1%。2022 年制造业用电量同比增长 0.9%，四大高载能行业全年用电量同比增长 0.3%。第三产业用电量 1.49 万亿千瓦时，同比增长 4.4%。各季度用电量同比增速分别为 6.2%、0.0%、7.7% 和 3.1%。

（3）**装机容量保持增长，发电量增加**。2022 年，全国新增发电装机容量 2.0 亿千瓦，其中新增非化石能源发电装机容量 1.6 亿千瓦，新投产的总发电装机规模以及非化石能源发电装机规模均创历史新高。截至 2022 年底，全国全口径发电装机容量 25.6 亿千瓦，其中非化石能源发电装机容量 12.7 亿千瓦，同比增长 13.8%，占总装机比重上升至 49.6%，同比提高 2.6 个百分点，电力延续绿色低碳转型趋势。分类型看，水电 4.1 亿千瓦，其中抽水蓄能 4579 万千瓦；核电 5553 万千瓦；并网风电 3.65 亿千瓦，其中，陆上风电 3.35 亿千瓦，海上风电 3046 万千瓦；并网太阳能发电 3.9 亿千瓦；火电 13.3 亿千瓦，其中，煤电占总发电装机容量的比重为 43.8%。

2022 年，全国规模以上工业企业发电量 8.39 万亿千瓦时，同比增长 2.2%，其中，规模以上工业企业火电、水电、核电发电量同比分别增长 0.9%、1.0% 和 2.5%。全口径并网风电、太阳能发电量同比分别增长 16.3% 和 30.8%。全口径非化石能源发电量同比增长 8.7%，占总发电量比重为 36.2%，同比提高 1.7 个百分点。全口径煤电发电量同比增长 0.7%，占全口径总发电量的比重为 58.4%，较上年下降 1.7 个百分点，煤电仍是当前我国电力供应的最主要电源。在来水明显偏枯的三季度，全口径煤电发电量同比增长 9.2%，较好地弥补了水力发电量的下降，充分发挥了煤电兜底保供作用。从月发电情况来看，全年呈 "W" 形走势（图 2-45）。

（4）**发电设备利用小时同比下降**。2022 年，全国 6000 千瓦及以上电厂发电设备利用小时 3687 小时，同比减少 125 小时（图 2-46）。

分类型看，水电 3412 小时，为 2014 年以来年度最低，同比减少 194 小时。核电 7616 小时，同比减少 186 小时。并网风电 2221 小时，同比减少 9 小时。并网太阳能发电 1337 小时，同比增加 56 小时。火电 4379 小时，同比减少 65 小时；其中煤电 4594 小时，同比减少 8 小时；气电 2429 小时，同比减少 258 小时。

（5）**全国跨区送电量同比增长**。2022 年，全国新增 220 千伏及以上输电线路长度 38967 千米，同比增加 6814 千米；全国新增 220 千伏及以上变电设备容量（交流）25839 万千伏安，同比增加 1541 万千伏安。2022 年全

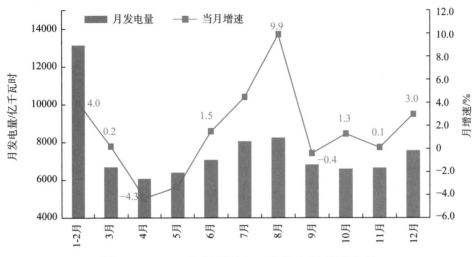

图 2-45 2022 年规模以上工业发电量月度走势

数据来源：国家统计局

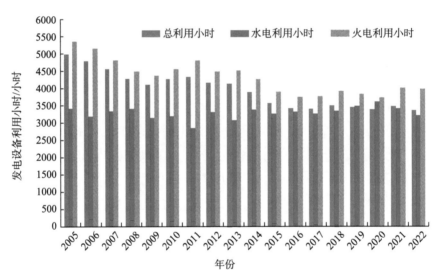

图 2-46 发电设备利用小时情况

数据来源：中国电力企业联合会

国完成跨区输送电量 7654 亿千瓦时，同比增长 6.3%，其中 8 月高温天气导致华东、华中等地区电力供应紧张，电网加大了跨区电力支援力度，当月全国跨区输送电量同比增长 17.3%。2022 年全国完成跨省输送电量 1.77 万亿千瓦时，同比增长 4.3%；其中 12 月部分省份电力供应偏紧，当月全国跨省输送电量同比增长 19.6%。

（6）**全国电力供需总体紧平衡**。2022 年全国电力供需总体紧平衡，部分地区用电高峰时段电力供需偏紧。2 月，全国多次出现大范围雨雪天气过程，少数省份在部分用电高峰时段电力供需平衡偏紧。7-8 月，我国出现了近几十年来持续时间最长、影响范围最广的极端高温少雨天气，叠加经济恢复增长，拉动用电负荷快速增长。全国有 21 个省级电网用电负荷创新高，华东、华中区域电力保供形势严峻，浙江、江苏、安徽、四川、重庆、湖北等地区电力供需形势紧张。

2. 2022 年电工钢消费情况

受家电行业影响，部分家电厂采购量急剧减少，企业多保持稳定生产为主，2022 年我国电工钢消费量持续减少，总消费量约 1240 万吨，同比减少 5%。

（本章撰写人：刘彪，汤宏雪，罗晓敏，中国钢铁工业协会）

第3章
2022年世界钢铁生产与市场情况分析

受俄乌冲突暴发、新冠疫情持续、发达国家高通胀等因素的影响，2022年全球经济在2021年呈现6.2%的反弹之后再次呈现低速增长态势。据国际货币基金组织（IMF）4月公布的报告，2022年全球经济增长速度为3.4%，同比回落2.8个百分点。世界经济增长速度的回落也导致了全球钢铁需求的回落。

一、粗钢产量下降

据世界钢铁协会发布的统计数据显示，2022年世界粗钢产量为18.85亿吨，同比2021年下降3.9%（图3-1）。

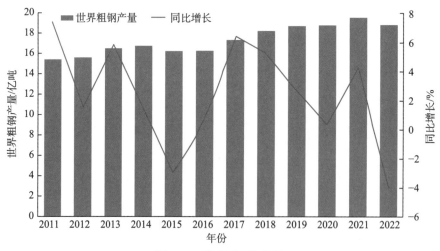

图3-1 世界粗钢产量
数据来源：世界钢铁协会

　　在十大产钢国中，与 2021 年相比，中国粗钢产量连续两年同比下降，印度连续两年同比正增长，伊朗 2022 年粗钢产量同比增速由负转正，日本、美国、俄罗斯、韩国、德国、土耳其、巴西粗钢产量同比增速由正转负。土耳其粗钢产量出现同比两位数下降，导致其在世界粗钢产量排名中较上年下降 1 位。德国由于粗钢产量同比减量较少，使其 2022 年排名较上年提升 1 位。2022 年中国粗钢产量占世界总产量的 54%，同比提高 1 个百分点（表 3-1）。

表 3-1　2021-2022 年世界十大产钢国粗钢产量情况　　　　　　百万吨

2022 年排名	2021 年排名	国别	2022 年	2021 年	2022 年同比/%	2021 年同比/%
1	1	中国	1018.0	1035.2	−1.7	−3.0
2	2	印度	125.3	118.2	6.0	17.8
3	3	日本	89.2	96.3	−7.4	15.7
4	4	美国	80.7	85.8	−5.9	18.0
5	5	俄罗斯	71.5	77.0	−7.1	5.6
6	6	韩国	65.8	70.4	−6.5	4.9
7	8	德国	36.8	40.2	−8.5	12.3
8	7	土耳其	35.1	40.4	−13.1	12.8
9	9	巴西	34.1	36.1	−5.5	15.3
10	10	伊朗	30.6	28.3	8.1	−1.7

数据来源：世界钢铁协会。

　　从分月产量情况来看，2022 年，世界粗钢产量除 9 月短暂出现同比正增长外，其余各月产量较上年同期均为负增长（图 3-2）。

　　在世界粗钢产量排名前 20 位的公司中，中国企业仍然占据 11 席，日本、韩国和印度各有 2 家钢铁公司进入到前 20 名行列，美国、欧洲和伊朗各有 1 家。从各企业产量排名同比变化情况看，由于安赛乐米塔尔公司的粗钢产量出现较大幅度下降，其与中国宝武的产量差距进一步扩大。由于浦项制铁控股公司粗钢产量减少幅度超过河钢集团产量减少的幅度，两家公司在产量排名榜上的位置互换。由于 JFE 钢铁株式会社粗钢产量下降，与产量略增的湖南钢铁集团公司位置互换。印度京德勒西南钢铁公司产量

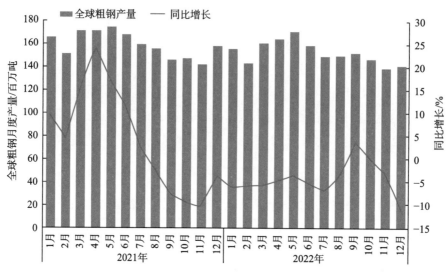

图 3-2　全球粗钢产量变化情况

数据来源：世界钢铁协会

大幅增长，导致其世界排名由第 19 位上升到第 15 位。伊朗矿业开发与革新组织由于产量增加而跻身前 20 名（表 3-2）。

表 3-2　2021-2022 年世界前 20 名钢铁企业粗钢产量及排名情况

百万吨

2022 年排名	2021 年排名	公司	国别	2022 年	2021 年	同比/%
1	1	中国宝武钢铁集团①	中国	131.84	130.56	1.0
2	2	安赛乐米塔尔②	卢森堡	68.89	79.26	−13.1
3	3	鞍钢集团③	中国	55.65	55.65	0.0
4	4	日本制铁株式会社④	日本	44.37	49.46	−10.3
5	5	沙钢集团	中国	41.45	44.23	−6.3
6	7	河钢集团	中国	41.00	41.64	−1.5
7	6	浦项制铁控股	韩国	38.64	42.96	−10.1
8	8	建龙集团	中国	36.56	36.71	−0.4
9	9	首钢集团	中国	33.82	35.43	−4.5
10	10	塔塔钢铁	印度	30.18	30.59	−1.3
11	11	山钢集团	中国	29.42	28.25	4.1
12	12	德龙集团	中国	27.90	27.82	0.3
13	14	湖南钢铁集团⑤	中国	26.43	26.21	0.8

2022 年排名	2021 年排名	公司	国别	2022 年	2021 年	同比/%
14	13	JFE 钢铁株式会社	日本	26.20	26.85	−2.4
15	19	京德勒西南钢铁公司	印度	23.38	18.59	25.8
16	15	纽柯钢铁公司	美国	20.60	23.13	−10.9
17	16	方大集团	中国	19.70	19.98	−1.4
18	17	现代制铁	韩国	18.77	19.64	−4.4
19	18	柳钢集团	中国	18.21	18.83	−3.3
20	23	伊朗矿业开发与革新组织⑥	伊朗⑦	18.00	16.70	7.8

①包括新余钢铁产量；
②包括安赛乐米塔尔-日本制铁印度合资公司 60% 的产量（前身是艾萨钢铁公司）；
③包括本钢集团产量；
④包括日本制铁不锈钢、三洋特钢、奥沃克集团的产量，以及安赛乐米塔尔-日本制铁印度合资公司 40% 的产量和米纳斯吉拉斯钢铁公司 31.4% 的产量；
⑤前身是华菱钢铁集团；
⑥包括穆巴拉克钢铁公司、伊斯法罕钢铁公司、胡齐斯坦钢铁以及伊朗钢铁公司的合并产量；
⑦预估值。
数据来源：世界钢铁协会。

从生产工艺角度看，电炉钢比最高的地区是中东，达到 95%，其次是非洲地区，达到 86.7%。北美地区电炉钢比接近 70%，除欧盟外的其他欧洲国家也超过 60%。由于亚洲地区电炉钢比重不到 20%，以及粗钢产量在世界总产量中的占比高的原因，导致全球电炉钢比只有 28.2%（表 3-3）。

表 3-3　2022 年世界主要产钢国和地区粗钢生产工艺占比情况

地区	粗钢/百万吨	转炉钢占比/%	电炉钢占比/%	其他工艺占比/%
德国	36.8	70.2	29.8	—
欧盟(27)	136.3	56.3	43.7	—
其他欧洲国家	45.8	37.1	62.9	—
俄罗斯及其他独联体国家和乌克兰	85.8	63.7	33.0	3.3
美国①	80.5	31.0	69.0	—
北美	111.3	30.7	69.3	—
巴西	34.1	75.1	23.8	1.1
南美	43.4	66.4	32.7	0.9

续表 3-3

地区	粗钢/百万吨	转炉钢占比/%	电炉钢占比/%	其他工艺占比/%
非洲	21.1	13.3	86.7	0.0
中东	50.4	5.0	95.0	—
中国①	1018.0	90.5	9.5	—
印度	125.3	45.8	54.2	—
日本	89.2	73.3	26.7	—
韩国	65.8	68.5	31.5	—
亚洲	1383.8	81.3	18.4	0.3
世界	1884.2	71.5	28.2	0.4

①预估值。

数据来源：世界钢铁协会。

二、钢材贸易量下降

2022 年，受俄乌冲突以及通胀等因素的影响，世界钢材需求下降，导致世界钢材贸易量萎缩。据世界钢铁协会的统计，2022 年世界钢材出口量为 4.017 亿吨，比 2021 年下降 12.5%，出口量占产量的比重回落到 22.2%，回落 2.9 个百分点（图 3-3）。

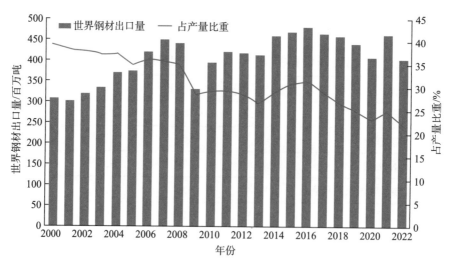

图 3-3 世界钢材出口量及占产量的比重

数据来源：世界钢铁协会

从世界主要钢材进出口国家和地区排名来看，我国依然是世界最大的钢材出口国，占世界钢材总出口量的 17.0%，占比较上年提升 2.6 个百分点。欧盟 27 国与美国是世界最大的钢材净进口国和地区（表 3-4）。

表 3-4　2022 年世界钢材贸易量前 10 位的国家和地区排名　　　百万吨

排名	出口		进口		净出口		净进口	
1	中国	68.1	欧盟（27）[①]	48.1	中国	51.1	欧盟（27）[①]	22.0
2	日本	31.7	美国	28.9	日本	26.4	美国	20.6
3	欧盟（27）[①]	26.0	德国[②]	21.0	俄罗斯	16.6	泰国	11.6
4	韩国	25.5	意大利[②]	20.2	韩国	11.8	菲律宾	7.5
5	德国[②]	22.3	土耳其	17.4	巴西	8.8	波兰[②]	6.8
6	土耳其	18.0	中国	17.1	阿曼	5.4	墨西哥	4.3
7	俄罗斯	17.9	韩国	13.7	印度	5.2	意大利[②]	4.2
8	意大利[②]	16.0	泰国	13.4	乌克兰	4.1	越南	4.1
9	比利时[②]	14.7	比利时[②]	12.5	中国台湾	2.8	沙特阿拉伯	3.8
10	巴西	12.1	波兰[②]	12.0	奥地利[②]	2.6	加拿大	2.8

①不包含区内贸易量；
②包含区内贸易量。
数据来源：世界钢铁协会。

从钢材贸易品种来看，世界钢材出口量最大的品种仍然是热轧薄板和卷材，其次是钢锭与半成品材料和镀锌产品（表 3-5）。

表 3-5　2018-2022 年世界钢材品种贸易量情况　　　百万吨

品种	2018 年	2019 年	2020 年	2021 年	2022 年
钢锭与半成品材料	61.7	56.1	55.7	61.1	44.6
铁轨材料	2.6	4.9	2.6	2.8	2.6
角钢和型钢	22.7	21.5	19.6	20.3	19.0
钢筋	18.7	19.1	19.2	22.0	15.4
热轧棒材和条材	18.7	15.2	12.8	15.3	12.7
盘条	27.4	26.8	25.2	29.0	25.5

品种	2018 年	2019 年	2020 年	2021 年	2022 年
冷拉钢丝	9.0	8.8	8.7	9.6	8.6
其他棒材和条材	6.4	5.6	4.5	6.1	7.4
热轧带钢	3.8	3.2	2.8	3.4	3.0
冷轧带钢	4.5	4.0	3.7	4.8	4.1
热轧薄板和卷材	78.9	78.4	74.6	79.3	68.0
中厚板	33.3	32.8	29.4	30.9	32.2
冷轧薄板和卷材	35.7	32.5	19.0	36.7	30.8
电工薄板和带材	4.6	4.1	3.9	5.1	5.2
镀锡产品	6.8	6.9	7.0	6.8	6.9
镀锌产品	44.7	43.0	37.0	45.3	38.4
其他镀层板	17.9	18.2	18.1	20.2	16.5
钢管和配件	41.2	40.9	32.3	34.3	34.2
轮毂和轮轴	0.9	0.8	0.7	0.9	0.8
铸件	1.3	1.3	1.1	1.4	1.5
锻件	1.1	1.0	0.9	1.0	1.1
合计	441.9	425.2	378.8	436.3	378.4

数据来源：世界钢铁协会。

三、钢材市场价格总体呈现回落态势

受欧美等发达国家通货膨胀、货币紧缩等因素的影响，2022 年钢材需求下降，导致钢材价格整体出现下降的态势。2022 年国际市场钢材价格在一季度短暂快速上升至 4 月的最高水平之后，从 5 月开始一路下降直到年底。2022 年 CRU 综合价格指数全年平均为 268.8 点，比 2021 年的平均综合价格指数下降 28.1 点，降幅 9.5%。但不同品种钢材价格呈现不同的态势，2022 年板材平均价格指数为 263.6 点，比 2020 年下降 53.8 点，降幅 16.9%；长材平均价格指数为 279.1 点，比 2021 年提高 23.5 点，涨幅 9.2%（图 3-4）。

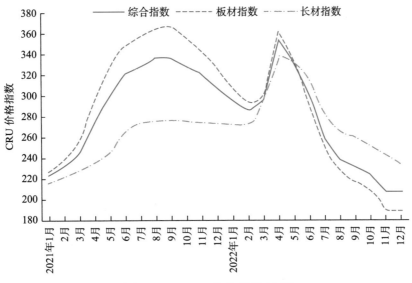

图 3-4　CRU 价格指数情况

数据来源：CRU，中国钢铁工业协会

从不同地区的市场价格来看，北美地区全年平均价格指数为 299.2 点，比 2021 年下降 72.3 点，降幅 19.5%。欧洲地区全年平均价格指数为 322.2 点，比 2021 年提高 16.3 点，涨幅 5.3%。亚洲地区全年平均价格指数为 221.7 点，比 2021 年下降 26.2 点，降幅 10.6%（图 3-5）。

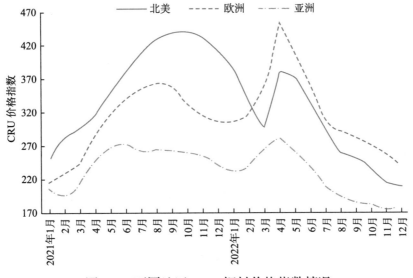

图 3-5　不同地区 CRU 钢材价格指数情况

数据来源：CRU

四、粗钢产能继续增加

据经济合作与发展组织（以下简称 OECD）统计，2022 年世界粗钢产能有可能增加 2950 万吨，达到 24.61 亿吨，比 2021 年增长 1.2%。从地区来看，中东和亚洲的产能增加占了总增加量的近三分之一（表 3-6）。

表 3-6　世界粗钢产能发展情况　　　　　　　　　　百万吨

地区	产能		2023-2025 年产能增加潜力		2025 年产能	
	2021 年	2022 年（A）	在建（B）	计划（C）	低（A+B）	高（A+B+C）
非洲	43.5	47.6	0.0	2.0	47.6	49.6
亚洲	1622.6	1630.6	35.5	59.3	1666.0	1725.4
独联体国家	143.9	145.1	2.8	2.6	147.9	150.4
欧洲	289.9	291.5	5.4	6.1	296.9	303.0
欧盟	213.4	213.6	0.0	6.1	213.6	219.7
其他欧洲国家	76.5	77.9	5.4	0.0	83.3	83.3
拉丁美洲	78.2	78.2	2.7	5.1	81.0	86.0
中东	89.0	97.6	5.2	5.7	102.8	108.5
北美洲	157.7	163.8	2.0	10.1	165.8	175.8
大洋洲	6.4	6.4	0.0	0.0	6.4	6.4
OECD 及欧盟经济体国家合计	649.6	657.4	7.4	16.9	664.7	681.6
非 OECD 及欧盟经济体国家合计	1781.6	1803.4	46.2	73.9	1849.6	1923.5
世界合计	2431.3	2460.8	53.5	90.8	2514.3	2605.1

数据来源：OECD。

由于钢铁产量下降和产能持续增长，预计 2022 年全球产能与产量之间的差距将扩大。世界钢铁产量占产能的比例可能从 2021 年的 78.5%降至 2022 年的 77.1%。这意味着，尽管全球钢铁需求不断恶化，但全球炼钢产能仍在扩张，这将给钢铁价格带来压力，并削弱行业的盈利能力。

值得关注的是，尽管中国国内的炼钢产能在过去几年保持相对稳定，但中国的钢铁公司对外产能投资正在迅速进行，投资主要集中在亚洲及非洲地区。

预计未来三年（2023-2025年），全球炼钢产能将继续扩大。目前，共有

5350 万吨产能正在建设当中，并将在未来三年内陆续投产，另外还有 9080 万吨的产能正处在规划阶段。如果所有这些项目都能实现，2023 年至 2025 年间，全球炼钢产能可能会增长 5.9%。这些产能中，超过 75% 为高炉产能。

五、铁矿石贸易量和价格双双下降

据美国地质调查局资料，2022 年全球铁矿石（以精矿计）产量为 26 亿吨，比 2021 年减少约 8000 万吨，降幅 3.0%（表 3-7）。

表 3-7　2021-2022 年世界主要国家和地区铁矿石产量情况　　百万吨

地区	2021 年	2022 年	同比增长/%
澳大利亚	912	880	−3.5
巴西	431	410	−4.9
中国	394	380	−3.6
印度	273	290	6.2
俄罗斯	96	90	−6.3
南非	73.1	76	4.0
乌克兰	83.8	76	−9.3
伊朗	72.9	75	2.9
哈萨克斯坦	64.1	66	3.0
加拿大	57.5	58	0.9
美国	47.5	46	−3.2
瑞典	40.2	39	−3.0
秘鲁	18.1	17	−6.1
土耳其	16.1	17	5.6
智利	17.7	16	−9.6
毛里塔尼亚	12.8	13	1.6
墨西哥	10.8	11	1.9
其他国家/地区	56.7	59	4.1
世界合计	2680	2600	−3.0

数据来源：美国地质调查局。

据澳大利亚工业科学能源与资源部的资料，2022 年世界铁矿石贸易量为 15.67 亿吨，同比下降 3.6%。在主要进口国家和地区中，只有欧盟是由于市场需求回升，钢铁产量大幅增长，导致进口铁矿石数量大幅增加 22%。铁矿石出口国家和地区中，澳大利亚和加拿大出口量小幅增加。印度由于对出口铁矿石实行控制政策，加征了出口关税，铁矿石出口量继续呈现同比大幅下降态势（表 3-8）。

表 3-8　2020-2022 年世界铁矿石主要进出口国家和地区铁矿石进出口情况

百万吨

地区	2020 年	2021 年	2022 年	2022 年同比/%
进　　口				
中国	1170	1126	1107	−1.5
日本	99	113	107	−5.7
欧盟	70	94	114	22.0
韩国	63	74	69	−7.2
出　　口				
澳大利亚	867	871	884	1.5
巴西	342	357	344	−3.6
南非	66	68	58	−14.8
加拿大	55	54	55	2.5
印度	52	37	17	−55.4
世界合计	1626	1626	1567	−3.6

数据来源：澳大利亚工业科学能源与资源部。

受中国市场需求下降和国际市场大宗原燃料价格回落等因素的影响，2022 年铁矿石市场价格出现较大幅度回落，全年平均价格为 121.3 美元/吨，比 2021 年下降 25%，且呈现前高后低的走势，10 月的平均价格下跌到 92.6 美元/吨（图 3-6）。

2022 年，国际铁矿石四大巨头的生产及运行情况见表 3-9。受需求减弱、价格下跌的影响，铁矿石生产巨头的销售收入和利润较上年均出现较大幅度下降。

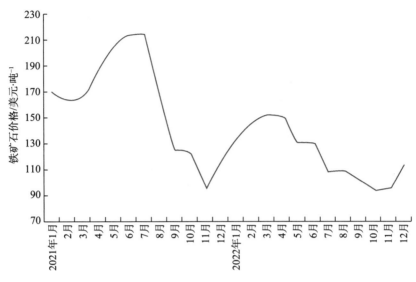

图 3-6　国际铁矿石市场价格变化情况

数据来源：中国钢铁工业协会

表 3-9　2022 年国际铁矿石四大巨头生产及运行情况

企业	年份	铁矿石产量/万吨	铁矿石销量/万吨	销售收入/亿美元	EBITDA/亿美元	净利润/亿美元
淡水河谷	2022	33990.4	30204.3	438.39	197.60	167.28
	2021	34460.9	30554.3	545.02	313.43	224.45
	变化/%	−1.4	−1.1	−19.6	−37.0	−32.4
力拓（铁矿石业务按股权）	2022	28325	28035	309.06	186.12	111.82
	2021	27656	27790	395.82	275.92	173.23
	变化/%	2.4	0.9	−21.9	−32.5	−35.4
必和必拓（铁矿石业务）	2022 财年上半年	13197.5	12899.6	118.22	76.41	—
	2021 财年上半年	12940.1	12929.8	158.18	111.53	—
	变化/%	2.0	−0.2	−25.3	−31.5	—
FMG	2022 财年上半年	11480	9690	78.35	43.52	23.68
	2021 财年上半年	11800	9310	81.25	47.62	27.77
	变化/%	−2.7	4.1	−3.6	−8.6	−14.7

数据来源：各公司年报。

六、废钢贸易量下降

据国际回收局发布的《世界钢铁回收数据 2018-2022》报告，2022 年世界钢铁工业主要废钢消费国是中国，当年消费量为 2.15 亿吨，同比下降 4.8%，其次是欧盟地区，消费量 7935 万吨，同比下降 9.7%（表 3-10）。

表 3-10 2018-2022 年世界废钢主要消费国及地区消费量情况 百万吨

地区	2018 年	2019 年	2020 年	2021 年	2022 年	2022 年较 2021 年增长/%
中国	187.8	215.9	232.62	226.21	215.31	−4.8
欧盟	90.939	86.473	75.255	87.852	79.347	−9.7
美国	60.1	60.7	50.2	59.4	56.6	−4.7
日本	36.513	33.682	29.179	34.747	32.769	−5.7
土耳其	31.317	27.900	30.077	34.813	30.271	−13.0
俄罗斯	31.776	30.173	30.030	32.138	29.374	−8.6
韩国	29.956	28.601	25.831	28.296	26.315	−7.0

数据来源：国际回收局。

2022 年全球共计出口废钢（不含贸易区内部的贸易量）9760 万吨，同比下降 14.3%。从进口国及地区来看，土耳其一家独大，2022 年进口 2087.6 万吨，同比下降 16.5%（表 3-11）。

表 3-11 2018-2022 年分地区废钢进口量情况

地区	2018 年/百万吨	2019 年/百万吨	2020 年/百万吨	2021 年/百万吨	2022 年/百万吨	2022 年较 2021 年增长/%
土耳其	20.660	18.857	22.435	24.992	20.876	−16.5
印度	6.320	7.053	5.383	5.133	8.376	63.2
美国	5.030	4.268	4.512	5.262	4.720	−10.3
韩国	6.393	6.495	4.398	4.789	4.689	−2.1
欧盟	2.828	2.893	4.094	5.367	3.901	−29.4
墨西哥	1.913	1.283	2.126	2.820	2.940	4.3
中国台湾	2.919	3.629	3.523	3.616	2.890	−6.4

地区	2018 年/百万吨	2019 年/百万吨	2020 年/百万吨	2021 年/百万吨	2022 年/百万吨	2022 年较 2021 年增长/%
泰国	1.724	1.094	1.401	1.653	1.764	6.7
印度尼西亚	2.510	2.614	1.420	1.462	1.200	−17.9
加拿大	3.471	2.129	1.031	0.815	1.084	33.0
马来西亚	0.960	1.532	1.396	1.533	0.496	−67.6

数据来源：国际回收局。

从出口国及地区来看（表 3-12），主要是欧盟地区和美国，分别出口 1759.6 万吨和 1747.8 万吨，同比分别下降 9.4% 和 2.4%。

表 3-12　2018-2022 年分地区废钢出口量情况

地区	2018 年/百万吨	2019 年/百万吨	2020 年/百万吨	2021 年/百万吨	2022 年/百万吨	2022 年较 2021 年增长/%
欧盟	21.656	21.750	17.449	19.431	17.596	−9.4
美国	17.332	17.685	16.874	17.906	17.478	−2.4
英国	—	—	6.829	8.287	8.241	−0.6
日本	7.402	7.651	9.371	7.301	6.307	−13.6
加拿大	5.107	4.369	4.512	4.863	4.664	4.1
澳大利亚	1.968	2.325	2.083	2.224	1.867	−16.1
墨西哥	0.787	0.842	0.718	0.737	0.822	11.5
新加坡	0.775	0.759	0.506	0.685	0.722	5.4

数据来源：国际回收局。

七、钢铁企业效益下降

2022 年受地缘政治、世界经济景气度下降、通胀上升，以及新冠疫情等因素的影响，钢材需求下降，导致钢铁企业利润普遍下滑。

据安赛乐米塔尔公司公布的报告，2022 年该公司销售收入达到 798.44 亿美元，同比增长 4.3%；EBITDA 为 141.61 亿美元，同比下降 27.0%；营业利润为 102.72 亿美元，同比下降 39.5%；净利润为 93.02 亿美元，同比下降 37.8%。2022 年该公司粗钢产量为 5900 万吨，同比下降 14.6%，继去年跌破 7000 万吨大关之后，今年继续跌破 6000 万吨大关。钢材销售量为 5590 万吨，同比下降 11.1%。吨钢 EBITDA 为 253 美元，同比下降 17.9%。自产铁矿石产量为 4530 万吨，同比下降 11.0%，产量降到 5000 万吨以下。

根据韩国浦项公司公布的数据，2022 年浦项钢铁公司销售收入 42.70 万亿韩元，同比增长 7.0%；营业利润为 2.30 万亿韩元，同比下降 65.5%。2022 年该公司粗钢产量为 3421.9 万吨，同比下降 10.6%。成品钢材产量 3227.3 万吨，同比下降 9.9%；销售量为 3214.4 万吨，同比下降 9.3%，其中国内销售量为 1809.7 万吨，同比下降 13.6%，出口 1404.7 万吨，同比下降 3.1%。世界领先产品（WTP）销量 868.2 万吨，同比下降 24.7%；世界领先产品销量占比 28.6%，下降 3.9 个百分点。

根据韩国现代公司公布的数据，2022 年该公司销售额为 23.67 万亿韩元，同比增长 18.4%；营业利润为 1.47 万亿韩元，同比下降 36.3%；净利润为 9698 亿韩元，同比下降 29.8%。2022 年该公司钢材产量为 1736.8 万吨，同比下降 5.8%；钢材销量为 1828.7 万吨，同比下降 4.3%。

日本制铁公司公布的报告显示，2022 财年该公司销售收入为 7.98 万亿日元，同比增长 17.1%；营业利润为 8836 亿日元，同比增长 5.1%；净利润为 7387 亿日元，同比增长 10.7%。粗钢产量为 4032 万吨，同比下降 9.3%。钢材销售量为 3147 万吨，同比下降 11.5%，平均销售价格为 14.89 万日元/吨，同比增长 26.5%。钢材出口占比 43.0%，同比提高 1 个百分点。

日本 JFE 公司公布的报告显示，2022 财年该公司销售收入为 5.27 万亿日元，同比增长 20.7%；净利润为 1626 亿日元，同比下降 43.6%。粗钢产量为 2548 万吨，同比下降 6.5%。钢材销售量为 2147 万吨，同比下降 2.9%。钢材出口占比 44.5%，同比下降 1.0 个百分点。

根据美国纽柯公司公布的数据，2022 年该公司净销售收入为 415.12 亿美元，同比增长 13.8%；息税前净利润为 102.45 亿美元，同比增长 11.3%；归属上市公司股东净利润 76.07 亿美元，同比增长 11.4%。钢材销售量为 2552.4 万短吨，同比下降 9.6%，平均销售价格达到 1540 美元/短吨，同比提高 24.8%。

据美国钢铁公司公布的数据，2022 年该公司净销售收入 210.65 亿美元，同比增长 3.9%；营业利润为 34.42 亿美元，同比下降 28.3%；归属上市公司股东利润为 25.24 亿美元，同比下降 39.5%。2022 年该公司粗钢产量为

1596.9 万短吨，同比下降 11.1%。钢材销量为 1494.2 万吨，同比下降 6.6%。

根据巴西盖尔道集团公布的数据，2022 年该公司净销售收入为 824.12 亿雷亚尔，同比增长 5.2%；营业利润为 187.51 亿雷亚尔，同比下降 9.9%；净利润为 115.95 亿雷亚尔，同比下降 16.5%。2022 年该公司粗钢产量为 1266.6 万吨，同比下降 4.7%；钢材销量为 1190.2 万吨，同比下降 6.4%。

（本章撰写人：郑玉春，冶金工业经济发展研究中心）

第4章
2022年中国钢铁产品进出口情况

我国作为全球第一大产钢国，以满足国内市场为主，2022年出口同比基本持平，二季度因俄乌战争影响，海外供应存在缺口，钢材出口出现阶段性增长，下半年钢材出口量快速回落。进口成本高企，但国内钢铁需求复苏不及预期，行业经济效益显著下滑，导致国内钢铁生产商及贸易商进口动力不强，年度进口量同比大幅下降25.9%，为1993年以来最低水平。

一、中国钢铁产品进出口情况总览

2022年，我国累计出口钢材6732.3万吨，同比增长0.9%；累计进口钢材1056.6万吨，同比下降25.9%；累计出口钢坯102.7万吨，同比增长99.1万吨；累计进口钢坯637.5万吨，同比下降53.5%（图4-1）。折合粗钢净出

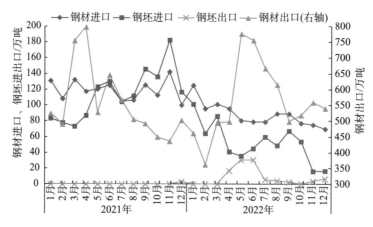

图4-1　2021-2022年中国钢材进出口情况

数据来源：海关总署

口 5336.0 万吨，同比增长 1239.9 万吨，增幅 30.3%（图 4-2）。

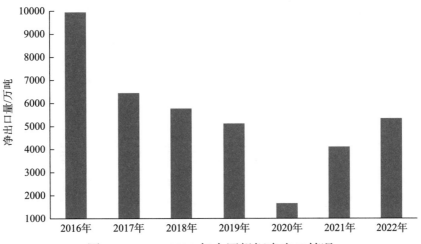

图 4-2　2016-2022 年中国粗钢净出口情况

数据来源：海关总署

　　进出口价差方面，2021 年 8 月至 2022 年 1 月，国际钢材价格涨势趋缓，国内钢材出口价格随原燃料成本上升及出口政策调整而上涨，进出口价差出现倒挂。2022 年 7 月起，进出口价差快速扩大，10-11 月均在 400 美元/吨以上，较 7-8 月扩大 300 美元/吨左右，为 2019 年以来最高水平。究其原因，受前期国内钢材价格下跌、海外需求疲软等因素影响，钢材出口价格大幅下滑，11 月出口均价较 7 月大幅下跌 18.1%，而同期进口均价相对平稳（图 4-3 和图 4-4）。

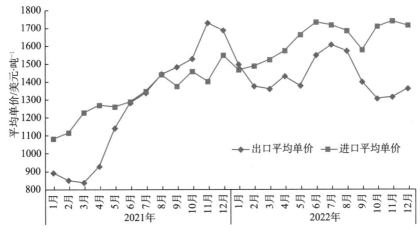

图 4-3　2021-2022 年中国钢材进出口平均单价

数据来源：海关总署

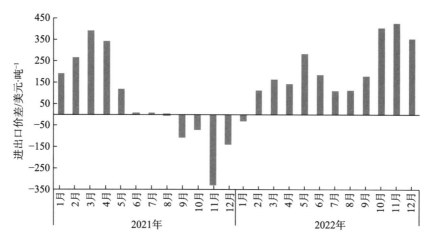

图 4-4　2021-2022 年中国钢材进出口价差

数据来源：海关总署

二、中国钢材出口情况

（一）出口概况

2022 年我国钢材出口总量同比基本持平，从单月出口变化来看，全年钢材出口增量集中在二季度，主要有以下影响因素。

1. 地缘冲突影响下，二季度海外供应存在缺口

俄乌冲突暴发初期，随着美欧对俄一系列制裁出台，能源及大宗原材料价格上涨，钢铁生产成本上升。作为全球主要产钢国，俄罗斯和乌克兰也是钢材、钢坯、铁矿石、煤炭等产品的出口大国，全球钢铁资源面临短期内重新配置的问题。从粗钢日均产量来看，据世界钢协统计，2022 年二季度中国粗钢日均产量 304.4 万吨，较一季度增长 15.6%，而海外粗钢日均产量下降 0.6% 至 228.4 万吨（图 4-5）。海内外粗钢日均产量相差 76 万吨，差距较一季度增长 1.3 倍，反映出二季度中国与海外供需格局存在较大差异，进而促使中国部分过剩资源流向海外市场，出口量显著增长。以出口至土耳其为例，俄罗斯和乌克兰是土耳其传统热卷供应商，俄乌冲突导致土耳其供应链中断，3 月起我国对土耳其出口增长，二季度累计出口钢材 127.3 万吨，较一季度增长 3.0 倍，同比增长 1.0 倍，土耳其也跃升至我国第六大出口目的地。受欧盟配额政策的调整，中国等国资源填补缺口及国际钢材需求支撑乏力等因素影响，全球供应链逐步恢复，二季度末海外市场逐步转为供过于求。

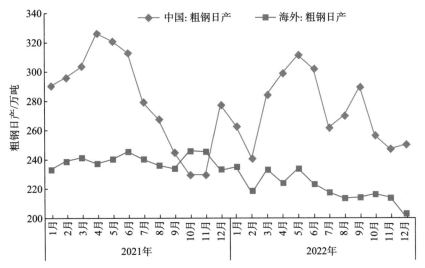

图 4-5　2021-2022 年中国与海外粗钢日均产量变化情况

数据来源：世界钢铁协会

2. 下半年外需疲弱，对出口的拖累作用明显

2022 年，受新冠疫情形势反复和地缘政治冲突升级等超预期因素影响，全球经济下行压力逐步加大。海外需求整体低迷，天然气等生产成本大幅提升，导致美欧多国主要钢铁制造商处于不饱和生产状态，实施减产以应对高成本、低需求，2022 年 12 月全球除中国大陆外的粗钢产量合计 6280 万吨，较年初下降 13.6%，降至 2020 年 8 月以来最低水平（图 4-6）。从我

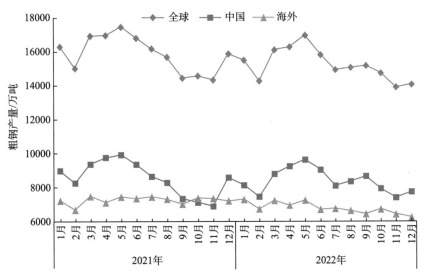

图 4-6　全球粗钢产量当月变化情况

数据来源：世界钢铁协会

国钢材出口的角度来看，三季度起外需下滑对出口的拖累作用明显，钢材出口量 6 月起连续 4 个月回落，9 月出口量较峰值下降 35.8%，四季度出口量环比回升，但仍处于年内平均偏低水平。

3. 海内外价差是影响我国钢材进出口的重要因素之一

欧盟是独联体国家钢材出口的主要目的地，地缘冲突暴发后，其禁止自俄罗斯和白俄罗斯进口钢材，导致欧盟面临生产成本增加、钢铁资源紧张等问题，从而带动国际钢价整体上行。随着海内外价差连续快速扩大，我国热卷、钢坯、生铁等产品出口价格优势凸显，出口形势明显回暖。以热轧板卷为例，中国资源出口报价不足 1000 美元/吨，但欧洲热卷价格最高达到 1600-1700 美元/吨，美国热卷价格在 2000 美元/吨以上。在国内需求复苏不及预期的情况下，国内企业出口动力增强，3 月起欧盟等海外市场接单量明显增加，按照生产排产周期和受物流因素影响，导致 5-6 月钢材出口较为集中，月均出口量在 750 万吨以上，板材和热轧板卷出口量均创历史新高。但是 6 月起，海内外价差随全球供应链和需求的变化大幅收窄，中国资源出口竞争力下降，导致出口订单明显下滑，接单周期相应拉长，以热轧板卷为例，6 月、7 月、8 月、9 月出口量环比分别下降 26.2%、32.4%、28.5%和 17.5%（图 4-7）。

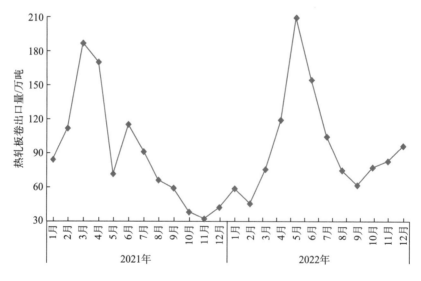

图 4-7　中国热轧板卷当月出口情况
数据来源：海关总署

（二）分品种情况

我国钢材出口以板材为主，2022 年累计出口板材 4298.4 万吨，同比下降 4.7%，占出口总量 63.8%。其中涂镀板出口量明显下降，镀层板和涂镀板出口量同比分别下降 17.3% 和 16.3%，中厚宽钢带和冷轧薄宽钢带也分别大幅下降了 33.5% 和 39.8%；热轧薄宽钢带出口 503.7 万吨，同比大幅增长 3.2 倍，与二季度热轧产品阶段性大量出口有关（表 4-1）；管材出口 909.4 万吨，同比增长 20.6%，增量主要来自无缝钢管，上半年海外需求走强、能源价格高企等助推我国无缝钢管出口形势好转。另外，出口特钢 1148.3 万吨，同比下降 44.0%。从特钢月度出口量来看，5 月起出口量同比降幅明显收窄。出口不锈钢 455.1 万吨，同比增长 2.1%，但增幅较年初收窄了 16.2 个百分点。

表 4-1　2022 年我国主要钢材品种出口情况

排名	品种	数量/万吨	同比增长/%	均价/美元·吨$^{-1}$	同比增长/%
1	镀层板（带）	1271.3	−17.3	1288.4	17.5
2	中厚宽钢带	608.4	−33.5	894.3	11.1
3	涂层板（带）	540.1	−16.3	1266.9	11.5
4	热轧薄宽钢带	503.7	323.2	859.4	−18.7
5	无缝钢管	490.1	44.4	1681.2	11.5
6	中板	441.2	35.7	1159.5	15.0
7	焊接钢管	380.0	0.7	2053.0	30.5
8	棒材	360.2	−11.7	1255.3	26.9
9	线材	333.0	3.0	876.1	7.5
10	大型型钢	297.4	134.5	983.9	−3.5
11	冷轧薄宽钢带	285.0	−39.8	893.9	3.1
12	冷轧薄板	262.1	3.2	3031.1	34.7
13	电工钢板（带）	128.8	31.7	1952.0	24.2
14	厚钢板	115.9	259.9	896.4	−9.9
15	钢筋	72.8	61.6	850.4	6.8
16	冷轧窄钢带	47.9	−7.2	3798.9	8.6

续表 4-1

排名	品种	数量/万吨	同比增长/%	均价/美元·吨⁻¹	同比增长/%
17	铁道用钢材	46.9	20.2	1189.8	14.3
18	中小型型钢	41.2	−62.1	1435.3	67.3
19	特厚板	40.3	238.4	975.5	−4.8
20	热轧薄板	38.4	48.1	2016.4	−2.8
21	热轧窄钢带	23.4	8.0	2428.3	26.3

数据来源：海关总署。

（三）分区域情况

2022 年, 我国钢材主要出口至韩国及东盟国家, 其中对东盟出口 1986.0 万吨, 同比增长 3.6%, 占出口总量 29.5%; 对韩国出口 639.5 万吨, 同比下降 9.5%, 占比下降 1.1 个百分点至 9.5%。对南美洲出口下降 31.1% 至 533.3 万吨, 其中对巴西出口大幅下降 39.4% 至 156.1 万吨。而我国对中东多个国家出口量大幅增长, 其中对土耳其、沙特、阿联酋三地出口分别增长 35.5%、72.2% 和 17.7%, 增量主要是热轧板卷 (图 4-8)。

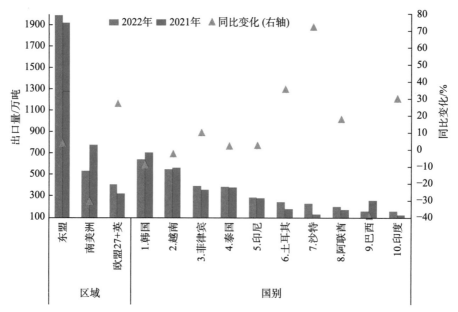

图 4-8 2021-2022 年中国钢材出口量分国别/区域

数据来源：海关总署

（四）初级产品出口情况

2022 年，我国出口初级钢铁产品（包括钢坯、生铁、直接还原铁、再生钢铁原料）127.4 万吨。其中出口钢坯 102.7 万吨，同比增加 99.1 万吨；出口生铁 11.6 万吨，同比增长 1.3 倍。2011-2021 年，我国钢坯年度平均出口量 1.3 万吨。进入 2022 年，一季度钢坯出口相对平稳，但 4 月起我国钢坯出口量环比增长 16.8 万吨至 16.9 万吨，为 2008 年 10 月以来最高水平，5-6 月出口量保持在 30 万吨以上，7 月起出口量回落至 7 万吨以下（图 4-9），主要原因是地缘冲突下俄乌钢坯资源出口受阻，二季度中国资源一定程度上填补全球钢坯供应缺口，出口至中国台湾、菲律宾、意大利等新增市场。

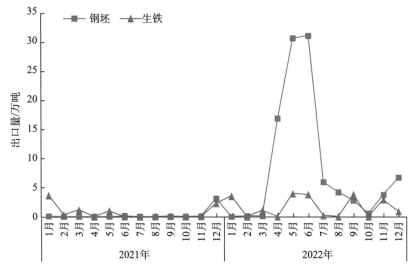

图 4-9　中国钢坯和生铁当月出口情况

数据来源：海关总署

三、中国钢材进口情况

（一）进口概况

2022 年我国钢材进口量同比大幅下降 25.9%，为 1993 年以来最低水平。从单月进口变化来看，全年进口量"前高后低、低位运行"。引发全年进口量同比大幅下降的主要原因与出口类似：国际钢价因俄乌冲突引发的能源危机、短期供应紧缺、高通胀等大幅上涨，进口成本明显提升。2022 年我国钢材进口均价 1617.3 美元/吨，同比大幅上涨 23.2%，全年共 5 个月钢材进口均价在 1700 美元/吨以上，为 2009 年以来的最高水平（图 4-10）。

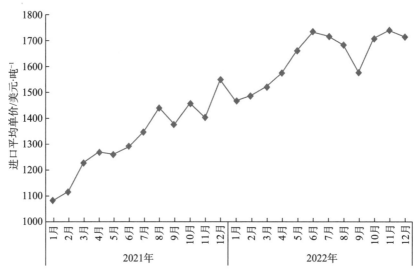

图 4-10　中国钢材当月进口平均单价变化情况

数据来源：海关总署

世界钢铁数据显示，在经济增速下滑和房地产拖累下，2022 年中国钢铁需求下降 3.5% 至 9.21 亿吨（图 4-11）。同时，据国家统计局统计，代表

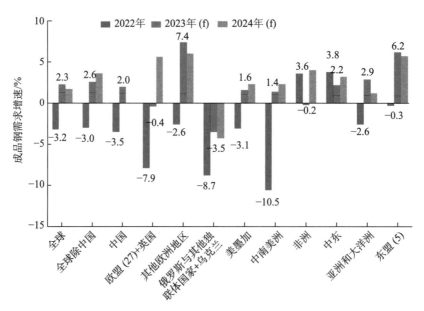

图 4-11　近三年全球钢铁短期需求预测

数据来源：世界钢铁协会

钢铁行业的黑色金属冶炼和压延加工业，2022 年利润总额同比大幅下降 91.3%，且 4-11 月降幅持续扩大（图 4-12）。进口量处于历史低位，其直接原因是国内钢铁生产企业和贸易进口商进口动力不足，深层次原因是国内钢铁下游需求复苏不及预期，钢铁行业效益下滑，且进口成本较高。

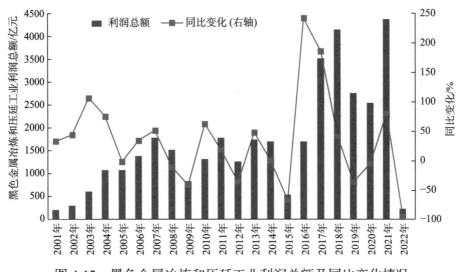

图 4-12　黑色金属冶炼和压延工业利润总额及同比变化情况

数据来源：国家统计局

（二）分品种情况

我国钢材进口以板材为主，2022 年累计进口板材 858.8 万吨，同比下降 13.7%，占进口总量的 81.3%。除冷轧薄板、特厚板同比增长外，其他品种进口量均不同程度下降。其中进口冷轧薄板以冷轧不锈薄板为主，且主要来自印尼，2022 年我国自印尼进口冷轧薄板 110.9 万吨，同比大幅增长 78.2%，占冷轧薄板进口总量的 70.5%。棒线材和管材出口量同比大幅下降 59.3% 和 28.4%。另外，进口特钢 518.8 万吨，同比下降 13.9%，4 月起同比变化由正转负且降幅逐步扩大，与新冠疫情影响下游特钢需求下降有关。进口不锈钢 328.5 万吨，同比增长 12.2%。2022 年主要钢材品种进口情况见表 4-2。

表 4-2　2022 年主要钢材品种进口情况

排名	钢材品种	数量/万吨	同比变化/%	均价/美元·吨$^{-1}$	同比变化/%
1	镀层板（带）	160.5	−21.8	1315.6	12.5

排名	钢材品种	数量/万吨	同比变化/%	均价/美元·吨$^{-1}$	同比变化/%
2	冷轧薄板	157.4	45.4	2103.2	8.5
3	中厚宽钢带	141.8	−11.5	1021.3	−2.5
4	中板	132.3	−11.4	1220.4	18.4
5	冷轧薄宽钢带	113.9	−29.7	935.2	4.4
6	热轧薄宽钢带	57.0	−28.7	932.7	0.9
7	钢筋	52.5	−71.1	644.5	9.5
8	棒材	44.6	−28.0	2824.4	21.5
9	线材	43.9	−57.2	1753.6	71.9
10	电工钢板（带）	30.2	−33.7	1340.4	11.3
11	厚钢板	26.5	−32.5	955.5	23.2
12	大型型钢	13.5	−44.6	1141.5	8.6
13	焊接钢管	13.1	−40.0	3195.1	19.6
14	冷轧窄钢带	12.2	−29.1	3954.3	22.1
15	无缝钢管	11.9	−8.7	6549.2	13.5
16	涂层板（带）	9.0	−3.9	1533.5	−4.0
17	热轧薄板	7.9	−44.6	2773.4	24.2
18	特厚板	6.8	116.9	1167.3	19.9
19	热轧窄钢带	3.5	−42.7	6337.8	54.2
20	铁道用钢材	2.4	−58.1	1727.6	55.4
21	中小型型钢	1.5	−19.6	3281.7	30.6

数据来源：海关总署。

（三）分区域情况

2022 年，我国钢材进口集中度提高，自日本、韩国、印尼三国合计进口钢材 792.3 万吨，占比较 2021 年大幅提升 11.8 个百分点至 75%。其中，韩国、日本、印尼进口量占比分别较上年提升 4.6、3.6 和 3.6 个百分点。大量印尼不锈钢资源回流，自印尼进口量同比增长 6.6%，自日本、韩国不锈钢进口量分别下降 17.9% 和 10.6%。另外，东盟于 2021 年跃升为我国进口钢材第二来源地，但 2022 年进口量同比大幅下降 45.3% 至 194.2 万吨，仅低于 2020 年和 2021 年，其中自马来西亚、越南进口量同比分别下降 72% 和 80.7%（图 4-13）。

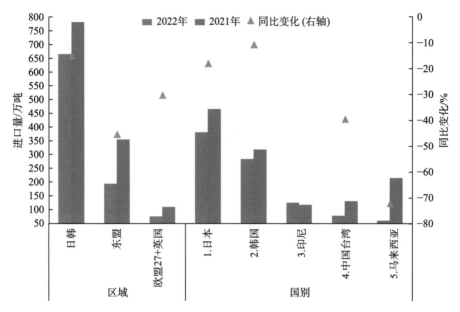

图 4-13 2021-2022 年中国钢材进口量（分地区）

数据来源：海关总署

（四）初级产品进口情况

2022 年，我国进口初级钢铁产品（包括钢坯、生铁、直接还原铁、再生钢铁原料）893.6 万吨，同比下降 49.9%，其中进口钢坯 637.4 万吨，同比下降 53.5%（表 4-3）。与成品材进口同比大幅下降原因类似，海外资源价格较高、国内需求不及预期、行业利润显著下滑是导致初级钢铁产品成交量下降近一半的主要原因。

表 4-3 2021 年、2022 年主要钢材品种进口情况

品种	2022 年/万吨	2021 年/万吨	同比变化/%
生铁	108.1	198.9	−45.6
直接还原铁	92.1	158.9	−42
钢坯	637.4	1371.6	−53.5

续表 4-3

品种	2022 年/万吨	2021 年/万吨	同比变化/%
再生钢铁原料	55.9	55.6	0.6
合计	893.6	1785.0	−49.9

数据来源：海关总署。

（本章撰写人：樊璐，中国钢铁工业协会）

第5章
2022 年主要钢材品种生产、消费情况分析

2022 年，我国钢铁市场需求增长乏力，钢铁生产企业顺应市场环境，主动调整产品结构，总体保持供给平稳。2022 年钢材产量同比略有下降，其中长材主要品种产量较上一年降幅较大，板材产量各有升降。

一、2022 年主要长材生产消费情况

（一）2022 年钢筋供需情况

1. 表观消费情况

2022 年我国钢筋表观消费量 23743 万吨，同比减少 2252 万吨（图 5-1），降幅 8.7%。其中国内生产 23763 万吨，同比减少 2094 万吨，下降 8.1%；进口 53 万吨，同比减少 129 万吨，下降 71.1%；出口 73 万吨，同比增加 28 万吨，上升 61.6%。

2022 年，全国钢材总产量 134034 万吨，同比下降 0.8%，钢筋生产受下游房地产行业影响，产量下降速度较快，高于钢材产量平均降幅 7.3 个百分点；钢筋产量占钢材总产量的比重为 17.7%，占比较上年下降 1.41 个百分点。

2. 进出口情况

2022 年我国钢筋进口量较前两年下降较快，根据海关总署统计，2022 年我国进口钢筋 53 万吨，同比减少 129 万吨，降幅 71.1%，低于钢材平均进口水平 45.2 个百分点。出口钢筋 73 万吨，同比增加 28 万吨，增幅 61.6%，高于钢材出口平均水平 60.7 个百分点（图 5-2）。

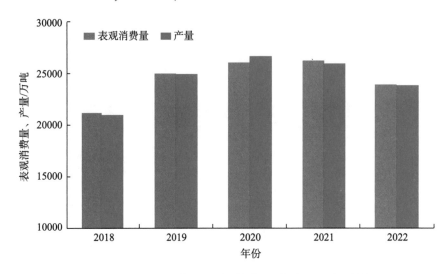

图 5-1　2018-2022 年我国钢筋表观消费量、产量情况

数据来源：国家统计局，海关总署

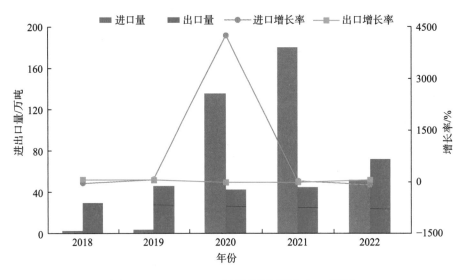

图 5-2　2018-2022 年我国钢筋进出口情况

数据来源：海关总署

3. 消费情况

2022 年我国钢筋消费连续下降。从钢协重点统计会员企业钢筋销售流向来看，华东地区依然是我国钢筋流入最大区域，2022 年占全国比重为43.3%，中南占比 21.8%，西南占比 13.1%，华北占比 9.2%，西北占比 8.4%，东北占比 3.9%，出口占比 0.3%。对比 2022 年和 2021 年钢筋流向比重，流

向华东、华北地区比重上升，西北地区持平，其他地区均呈连续下降态势（表 5-1），出口占比连续 6 年下降。

表 5-1　2018-2022 年钢协会员企业钢筋分地区流向占比情况　　　%

年份	华北	东北	华东	中南	西北	西南	出口
2018	8.8	3.8	40.5	21.7	5.7	18.1	1.3
2019	7.9	3.9	41.5	23.9	6.0	16.0	0.9
2020	8.0	4.5	39.7	25.2	6.9	15.0	0.6
2021	7.6	4.0	42.0	23.6	8.4	14.0	0.5
2022	9.2	3.9	43.3	21.8	8.4	13.1	0.3

数据来源：中国钢铁工业协会。

（二）2022 年线材供需情况

1. 表观消费情况

2022 年我国线材表观消费量为 13848 万吨（图 5-3），同比减少 1332 万吨，下降 8.8%；其中国内生产 14137 万吨，同比减少 1263 万吨，降幅 8.2%；进口 44 万吨，同比减少 59 万吨，下降 57.2%；出口 333 万吨，同比增加 10 万吨，增幅 3.0%。

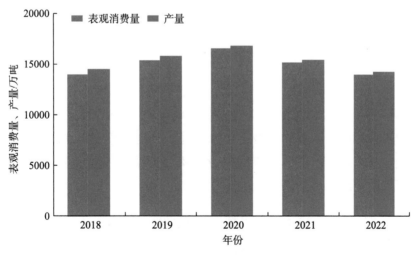

图 5-3　2018-2022 年我国线材表观消费量、产量情况

数据来源：国家统计局，海关总署

2022 年线材产量受下游需求减少影响，下降幅度较大，降幅高于钢材平均降幅 7.4 个百分点；线材产量占钢材总产量比重为 10.5%，占比较上年下降 0.85 个百分点。

2. 进出口情况

我国线材进口量多年保持在 50 万吨左右，2019 年、2020 年进口量连续超过 100 万吨。2022 年进口量 44 万吨，同比减少 59 万吨，降幅 57.2%。我国出口自 2021 年起连续回升，2022 年出口 333 万吨，同比增加 10 万吨，升幅 3.0%（图 5-4）。

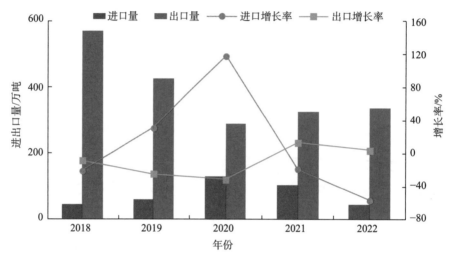

图 5-4　2018-2022 年我国线材进出口情况

数据来源：海关总署

3. 消费情况

2022 年我国线材消费有所下降，其中华东地区仍为主要流入地，2022年占比达到 39.4%，华北占比 19.6%，中南地区占比 19.1%，西南占比 10.4%，西北占比 6.4%，东北占比 3.0%，出口占比 2.1%。对比 2022 年和 2021 年各地区流向占比（表 5-2），流向华北、东北、西北地区的线材占比上升，其他地区下降，出口占比连续 6 年下降。

表 5-2　2018-2022 年钢协会员企业线材产品分地区流向占比情况　　%

年份	华北	东北	华东	中南	西北	西南	出口
2018	20.4	2.5	39.7	17.0	6.8	8.6	5.0

年份	华北	东北	华东	中南	西北	西南	出口
2019	18.8	2.7	37.5	19.4	6.1	11.6	3.8
2020	17.7	3.0	38.1	21.0	6.4	11.2	2.6
2021	17.9	2.9	39.6	20.6	6.0	10.8	2.2
2022	19.6	3.0	39.4	19.1	6.4	10.4	2.1

数据来源：中国钢铁工业协会。

（三）2022 年焊接钢管供需情况

1. 表观消费情况

2022 年我国焊接钢管表观消费量 5959 万吨（图 5-5），同比增加 142 万吨，升幅 2.4%；其中国内生产 6326 万吨，同比增加 154 万吨，增长 2.5%；进口 13 万吨，同比减少 9 万吨，下降 40.0%；出口 380 万吨，同比增加 3 万吨，增长 0.7%。

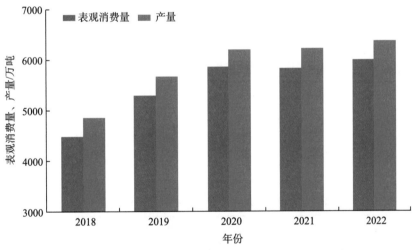

图 5-5　2018-2022 年我国焊管表观消费量、产量情况

数据来源：国家统计局，海关总署

2022 年焊接钢管产量同比有所增加，产量占钢材总产量比重为 4.7%，占比较上年上升 0.41 个百分点。

2. 进出口情况

我国焊接钢管进口量多年一直保持在 20 万吨左右（图 5-6），2022 年焊接钢管进口量为 13 万吨，同比减少 9 万吨，降幅 40.0%，降幅较上年有所扩大。2022 年出口 380 万吨，同比增加 3 万吨，上升 0.7%，出口量小幅回升。

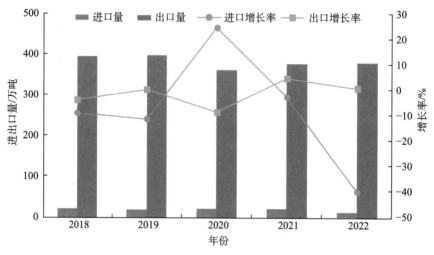

图 5-6 2018-2022 年我国焊接钢管进出口情况

数据来源：海关总署

3. 消费情况

分地区看，2022 年华东、华北地区为主要流入地，2022 年占比分别为 45.6% 和 38.2%，东北地区占比 4.3%，西北占比 3.6%，中南占比 1.4%，西南占比 0.3%，出口占比 6.4%（表 5-3）。对比 2022 年和 2021 年各地区焊管流入量所占比重，华东、东北、西北地区占比有所回升，中南持平，其他地区及出口占比略有下降。

表 5-3 2018-2022 年钢协会员企业焊接钢管分地区流向占比情况   %

年份	华北	东北	华东	中南	西北	西南	出口
2018	32.2	8.0	47.0	1.0	2.5	0.9	8.3
2019	19.6	7.7	58.5	3.5	2.2	2.0	6.5
2020	14.8	8.6	60.2	2.3	6.3	1.0	6.7
2021	39.4	3.7	44.9	1.4	3.5	0.6	6.6
2022	38.2	4.3	45.6	1.4	3.6	0.3	6.4

数据来源：中国钢铁工业协会。

二、2022 年主要板带材生产消费情况

（一）2022 年中厚宽钢带供需情况

1. 表观消费情况

2022 年我国中厚宽钢带表观消费量 18313 万吨（图 5-7），同比增加 1130 万吨，增长 6.6%。其中国内生产 18780 万吨，同比增加 843 万吨，增幅 4.7%；进口 142 万吨，同比减少 18 万吨，下降 11.5%；出口 608 万吨，同比减少 306 万吨，下降 33.5%。

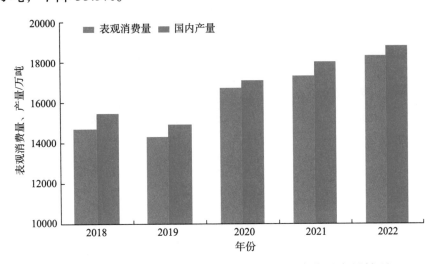

图 5-7　2018-2022 年我国中厚宽钢带表观消费及产量情况
数据来源：国家统计局，海关总署

2022 年中厚宽钢带产量占钢材总产量比重为 14.0%，较上年上升 0.74 个百分点。

中厚宽钢带是热连轧机的主要产品之一，在钢协重点统计会员企业中，2022 年中厚宽钢带产量占热连轧机总产量的 44.2%，占比较上年上升 1.48 个百分点；下工序用料占全部轧机产量的 42.0%，较上年下降 0.16 个百分点；热轧薄宽钢带占全部轧机产量的 13.7%，较上年下降 1.32 个百分点。

2022 年，重点统计会员企业热连轧机生产的中厚宽钢带品种板产量较上年各有升降，其中汽车板产量 628 万吨，同比减少 79 万吨，下降 11.2%；管线钢板产量 237 万吨，同比增加 12 万吨，增长 5.4%；集装箱板产量 139 万吨，同比减少 138 万吨，下降 49.9%；热轧酸洗板产量 401 万吨，同比增加 16 万吨，增长 4.1%。

2. 进出口情况

2022 年我国中厚宽钢带进口 142 万吨（图 5-8），同比减少 19 万吨，降幅 11.5%。2022 年出口同比大幅下降，出口量 608 万吨，同比减少 306 万吨，下降 33.5%，出口量较上年大幅下降。

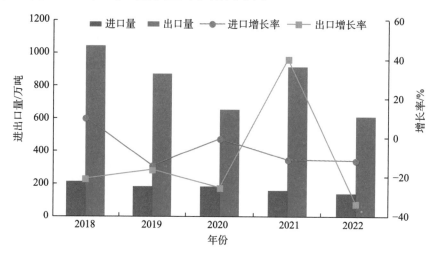

图 5-8　2018-2022 年我国中厚宽钢带进出口情况

数据来源：海关总署

3. 消费情况

我国中厚宽钢带消费继续快速增长，分地区看（表 5-4），华东、华北地区是中厚宽钢带的主要流入地，2022 年占比分别达到 36.8% 和 29.9%，中南占比 16.0%，东北占比 6.8%，西南占比 5.5%，西北占比 2.6%，出口占比 2.4%。对比 2022 年和 2021 年流向所占比重，华北、东北地区占比上升幅度较大，华东、中南、西南和西北地区占比有所下降，出口占比回升幅度较大。

表 5-4　2018-2022 年钢协会员企业中厚宽钢带分地区流向占比情况　%

年份	华北	东北	华东	中南	西北	西南	出口
2018	25.0	5.9	37.6	15.8	2.5	8.8	4.3
2019	25.1	6.7	38.2	16.6	2.5	7.7	3.2
2020	26.8	8.1	38.3	16.1	2.2	6.6	2.0
2021	7.6	4.0	42.0	23.6	8.4	14.0	0.5
2022	29.9	6.8	36.8	16.0	2.6	5.5	2.4

数据来源：中国钢铁工业协会。

（二）2022 年冷轧薄板供需情况

1. 表观消费情况

2022 年全国冷轧薄板表观消费量 4114 万吨（图 5-9），同比减少 296 万吨，下降 6.7%。其中国内生产 4219 万吨，同比减少 337 万吨，下降 7.4%；进口 157 万吨，同比增加 49 万吨，升幅 45.4%；出口 262 万吨，同比增加 8 万吨，升幅 3.2%。

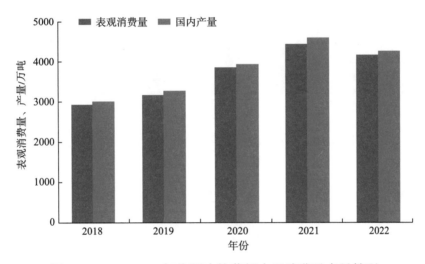

图 5-9　2018-2022 年我国冷轧薄板表观消费及产量情况
数据来源：国家统计局，海关总署

2022 年冷轧薄板产量同比下降较快，产量占钢材总产量比重的 3.1%，占比较上年下降 0.22 个百分点。

2. 进出口情况

我国冷轧薄板进出口量均保持在较高水平，2022 年进口继续大幅上升，进口量达 157 万吨，同比增加 49 万吨，升幅 45.4%。出口量前期保持在 180 万吨左右，2022 年出口 262 万吨，同比增加 8 万吨，上升 3.2%。2018-2022 年我国冷轧薄板进出口情况如图 5-10 所示。

3. 消费情况

2022 年我国冷轧薄板消费同比有所回落，华东仍为主要流入地区（表 5-5），华东流入量 2022 年占比 72.1%，中南占比 13.5%，华北占比 7.7%，东北占比 3.9%，西南占比 0.3%，出口占比 2.4%。对比 2022 年和 2021 年冷轧薄板流入量占比，流向华东地区上升幅度较大，华北地区流向占比下降幅度较大，出口占比有所回落。

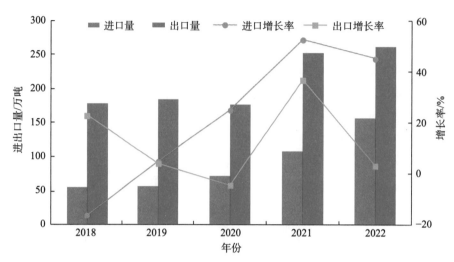

图 5-10　2018-2022 年我国冷轧薄板进出口情况

数据来源：海关总署

表 5-5　2018-2022 年钢协会员企业冷轧薄板分地区流向占比情况　　%

年份	华北	东北	华东	中南	西北	西南	出口
2018	23.2	2.5	44.7	16.7	3.6	2.4	6.8
2019	10.6	4.4	44.8	25.2	1.4	7.7	5.8
2020	11.2	4.3	45.4	25.5	1.5	8.0	4.1
2021	14.5	4.2	63.4	11.8	0.1	0.7	5.4
2022	7.7	3.9	72.1	13.5	0.0	0.3	2.4

数据来源：中国钢铁工业协会。

（本章撰写人：徐晶，刘彪，汤宏雪，中国钢铁工业协会）

第6章

2022年中国铁矿石进口情况分析

2022年，中国生铁和粗钢产量双双出现下滑，生铁产量8.64亿吨，同比下降0.5%；粗钢产量10.18亿吨，同比下降1.7%，均连续两年出现下降。受此影响，2022年，中国铁矿石原矿产量和铁矿石进口量也都出现下滑，分别下降1.0%、1.5%。

一、2022年中国铁矿石进口情况

（一）进口量

基于中国庞大的高炉生铁生产规模，以及国产铁矿石原矿品位相对偏低的基本情况，中国每年需要大量进口铁矿石来满足国内钢铁生产的需求。2016年以来，中国铁矿石进口量虽然各年间有所波动，但总体均保持在10亿吨以上水平，其中近三年均保持在11亿吨以上。2020年起，生铁产量逐年下降，中国铁矿石进口量也连续两年呈现下滑态势，从2020年的11.70亿吨下降至11.07亿吨（图6-1）。

从2022年中国铁矿石月度进口量来看，各月进口量总体保持在9000万吨左右水平，波动相对减小，其中1月进口量最高，接近1亿吨，2月因为春节假期和天数较少等因素影响进口量最低（图6-2）。

（二）进口来源

按进口来源地分，2022年，中国铁矿石进口前十大国家合计进口量10.90亿吨，同比基本持平；前十大国家铁矿石进口量占中国进口总量的

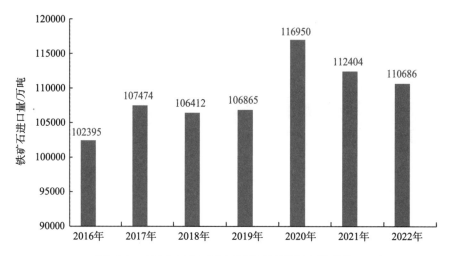

图 6-1 2016-2022 年中国铁矿石进口量变化

数据来源：海关总署

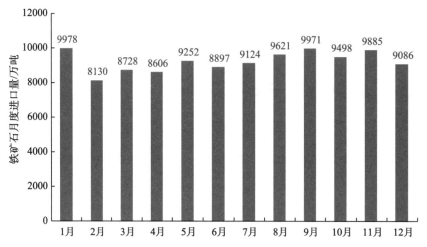

图 6-2 2022 年中国铁矿石月度进口量变化

数据来源：海关总署

96.7%，占比较上年提升 1.6 个百分点，进口来源地进一步集中（表 6-1）。

表 6-1 中国铁矿石十大进口来源国　　　　　　　　　万吨

序号	国家	2022 年	2021 年	同比/%
1	澳大利亚	72932	69390	5.1
2	巴西	22730	23756	−4.3

序号	国家	2022 年	2021 年	同比/%
3	南非	3737	4027	−7.2
4	秘鲁	1857	1699	9.3
5	加拿大	1314	1482	−11.3
6	智利	1156	1376	−16.0
7	印度	1021	3356	−69.6
8	俄罗斯	874	851	2.8
9	毛里塔尼亚	744	809	−8.0
10	塞拉利昂	623	182	242.4

数据来源：海关总署。

2022 年中国铁矿石进口结构性变化主要表现为：第一，中国进口铁矿石主要来源地依然是澳大利亚和巴西，并且占中国进口铁矿石总量的比重继续上升，两国合计占中国铁矿石进口总量的 86.4%，占比较上年提升 3.5 个百分点；第二，中国铁矿石进口量达到 100 万吨以上的国家有 21 个，较上年减少 4 个，表明中国铁矿石进口来源地较上年更加集中；第三，来自印度的铁矿石进口量显著下降，降幅接近七成；第四，来自塞拉利昂的铁矿石进口量较上年大幅增长，同比增长了 2.4 倍，达到 623 万吨（图 6-3）。

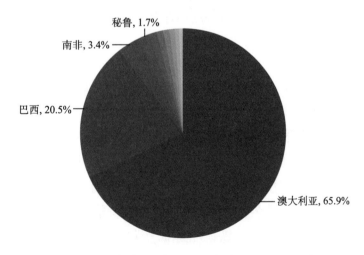

图 6-3　2022 年中国铁矿石十大来源国进口量占比

数据来源：海关总署

（三）进口价格

2022 年，中国铁矿石进口月度平均价格呈现先涨后跌的态势，5 月平均价格达到年内最高点（138.9 美元/吨）后持续下跌，12 月降至 92.1 美元/吨的年内最低点。2022 年，中国铁矿石进口年度平均价格为 115.7 美元/吨，较上年下降 28.6%（图 6-4）。

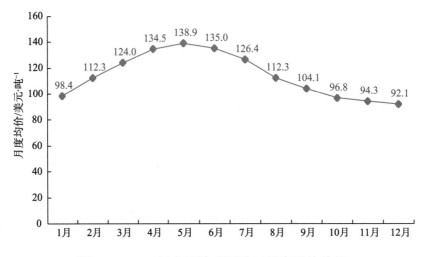

图 6-4　2022 年中国铁矿石进口月度平均价格
数据来源：海关总署

二、2022 年中国铁矿石供需情况

（一）国产矿产量

2022 年，中国铁矿石原矿产量为 9.68 亿吨，同比下降 1.0%。国产铁矿石原矿产量在连续三年保持增长之后再次出现下滑，主要是受铁矿石价格下跌所致，但产量水平仍保持在相对高位（图 6-5）。

中国铁矿石生产分布不均并高度集中，从 2022 年全国各省市铁矿石产量来看，排名前三的省份分别是河北、辽宁和四川，三省合计产量占全国总产量超过三分之二；排名前十省市合计占全国总产量的 92%。河北省是全国最大的铁矿石生产地区，铁矿石原矿产量接近 4 亿吨，占全国总产量的比重超过 40%（图 6-6）。

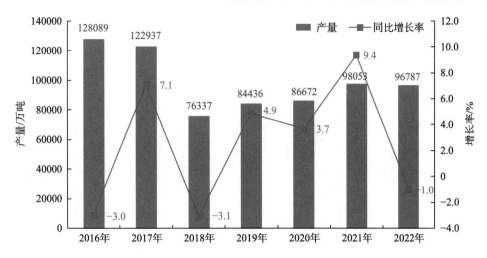

图 6-5　2016-2022 年中国铁矿石原矿产量及同比增长率情况

数据来源：国家统计局

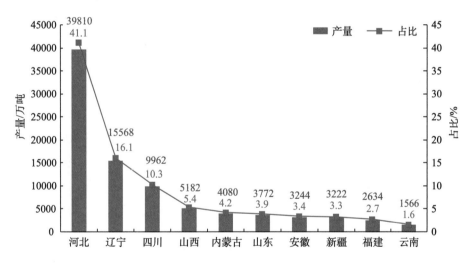

图 6-6　2022 年中国主要省市铁矿石原矿产量及占比情况

数据来源：国家统计局

（二）铁矿石消费量

本节通过中国生铁产量估算铁矿石消费量，2022 年中国生铁产量 8.64 亿吨，根据铁精矿需求量与生铁产量之比约 1.6∶1 折算，铁矿石消费量约 13.82 亿吨，铁矿石消费量在 2020 年达到峰值后连续两年出现下滑（图 6-7）。

图 6-7　2016-2022 年中国生铁产量及铁矿石消费量
数据来源：国家统计局及估算

2022 年,中国铁矿石进口量为 11.07 亿吨,铁矿石对外依存度高达 80%。中国虽然是全球最大的铁矿石进口国和消费国,却没有铁矿石定价权。进口铁矿石价格的剧烈波动,给国内钢铁企业生产带来巨大冲击。

2022 年 1 月,钢协提出了旨在加强资源保障的"基石计划"。"基石计划"旨在于用 10 年至 15 年时间,切实改变我国铁资源来源构成,从根本上解决钢铁产业链资源短板问题,将钢铁资源保障主动权掌握在自己手中,真正建成有资源保障基础支撑的钢铁强国。"基石计划"提出,到 2025 年,国内矿产量（铁精粉）、废钢消耗量和海外权益矿分别达到 3.7 亿吨、3 亿吨和 2.2 亿吨,分别比 2020 年增加 1 亿吨、0.7 亿吨和 1 亿吨。

目前,"基石计划"国内铁矿资源开发工作成效明显,国内铁矿项目审批明显加快,行业固定资产投资大幅增长,部分重点项目加快建设。2022 年,中国黑色金属矿采选业固定资产投资额同比增长 33.3%（图 6-8）,达到近五年最高增幅。

加快推进国内铁矿项目建设,要统筹处理好国内铁矿资源勘查、矿山开发和环保安全之间的关系,进一步研究完善财税支持政策,支持国内铁矿规模化、集约化开发和综合利用,有效解决项目建设面临的困难和问题,切实加快推动国内铁矿项目建设,提高国产矿供给能力。

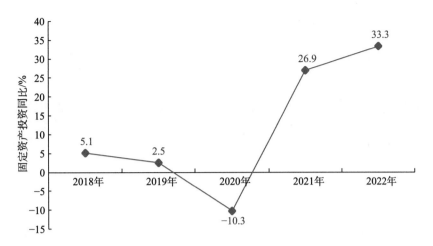

图 6-8　2018-2022 年中国黑色金属矿采选业固定资产投资同比增幅

数据来源：国家统计局

（本章撰写人：赵磊，冶金工业经济发展研究中心）

第7章

2022 年矿山、废钢、焦化行业运行情况

一、矿山运行基本情况及主要工作

2022 年,冶金矿山行业以习近平新时代中国特色社会主义思想为指导,深入学习贯彻党的二十大精神,落实党中央国务院有关决策部署和资源保障战略,统筹疫情防控和生产经营,攻坚克难、创新图强,主动适应市场变化,沉着应对风险挑战,保持了行业平稳运行,推动行业迈上新时代高质量发展新征程。

(一)矿山运行情况

1. 战疫情、保生产,实现行业平稳运行

2022 年,冶金矿山企业一方面认真贯彻党中央国务院、地方政府等各级疫情防控工作相关部署,持续优化防控措施,从严从紧抓好疫情防控,最大程度保护职工生命安全和身体健康,平稳有序度过调整转段期;另一方面坚持抗疫保产"两手抓""两不误",主动破解产能困局,调整生产经营方式,创新生产组织管理,优化作业工序,强化采选、产销联动,生产经营保持稳定顺行。全年生产铁矿石 9.68 亿吨,较上年下降 1.0%(图 7-1);折合生产铁精矿 2.87 亿吨[①],同比增长 0.5%。黑色金属矿采选业增加值较上年增长 21.0%,增速较上年加快 18.2 个百分点。

---

① 数据来源:中国冶金矿山企业协会。

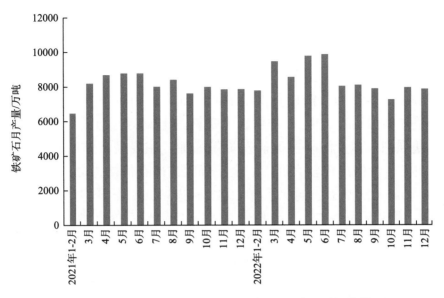

图 7-1　2021-2022 年国产铁矿石产量及同比增长率情况

数据来源：国家统计局

2. 铁矿石需求高位回落，供需基本面逐渐宽松

2022 年，我国进口铁矿石 11.07 亿吨（图 7-2），同比减少 1720 万吨，降幅 1.5%。45 港口铁矿石到港量约 10.26 亿吨，同比减少 1500 万吨，降幅 1.44%。2022 年，我国生铁和粗钢产量同比继续呈下降态势，国内生铁产量下降导致铁矿石消费量减少约 1130 万吨，国内实际供给量下降了 1620 万吨

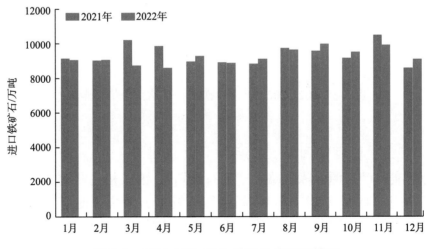

图 7-2　2021-2022 年分月进口铁矿石情况

数据来源：海关总署

左右，国内供给略小于需求，缺口由港口库存补充。

3. 铁矿石价格持续下行，创 45 个月以来新低

2022 年，受地缘政治、疫情频发、物流受阻、海外减产、矿产品出口政策等多重因素影响，铁矿石供给端风险加大，市场预期较强，支撑铁矿石价格整体高位运行。但 6 月后，受钢铁需求偏弱、钢铁企业效益下降、减产预期强烈，以及海外主流矿发货量增加、主要经济体增速下滑等因素影响，铁矿石价格出现较大回落。全年普氏铁矿石价格指数（62%）平均为 119.3 美元/吨（图 7-3），同比下降 26.1%；进口铁矿石平均到岸价格 115.72 美元/吨，同比下降 28.7%，其中 10 月底普氏铁矿石价格指数（62%）跌破 80 美元/吨，创 45 个月新低，均价基本"腰斩"。国产铁精矿折合 62%均价 878.78 元/吨，同比下降 19.6%，降幅低于进口矿。

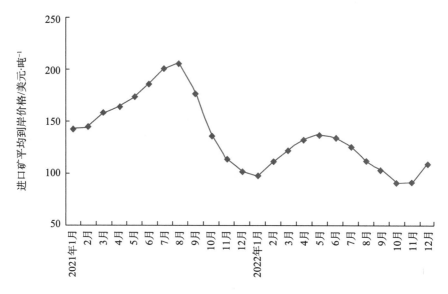

图 7-3 2021-2022 年进口铁矿石平均到岸价格走势

数据来源：海关总署

4. 矿山投资增幅回落，重点项目加快推进

为落实铁矿资源保障战略和"基石计划"，国家和主要地方成立了铁矿专项工作组，对重点铁矿项目实行台账式管理，加快督促指导，协调解决项目建设面临的问题和困难，采取有力措施支持项目建设。2022 年，黑色金属矿采选业固定资产投资累计同比增长 33.3%（图 7-4），增速较上年加快 6.4 个百分点，投资增速位居我国采矿业之首。投资的较快增长，反映出

政策协调力度加大、投资环境改善、市场预期明确，提振了市场主体的投资信心，带动一批新建大型矿山项目加快推进、资源接续工程和矿山技改项目快速落地，矿山产能稳定释放，安全、绿色、智能改造步伐继续加快。

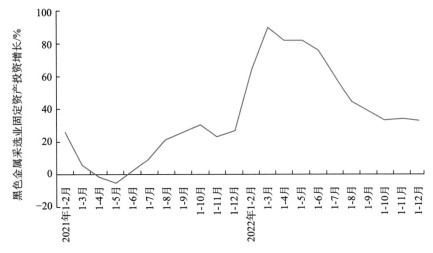

图 7-4　2021-2022 年黑色金属矿采选业固定资产投资累计同比增长率情况

数据来源：国家统计局

各项成本有所上涨，企业盈利同比下降。2022 年，铁矿石价格与上年同期比，下降明显，受叠加疫情防控、原材料能源价格上涨、安全环保排碳治理投入加大、人员物流成本上升等因素影响，矿山企业效益同比回落。黑色金属矿采选业全年累计实现营业收入 4935.8 亿元，同比下降 16.6%；利润总额 594.9 亿元，同比下降 22%；营业利润率 12.1%，较上年下降 1.2 个百分点。

（二）矿山行业主要工作情况

1. 积极落实铁矿资源保障战略，项目建设稳步推进

积极落实铁矿资源保障战略。国家和主要产矿省份成立了铁矿专项工作组，对重点铁矿项目实行台账式管理，加强督促指导，协调解决项目建设面临的问题和困难，全力推进"基石计划"，保障钢铁工业产业链供应链安全。国家发展改革委先后组织召开 8 次会议，协调解决加快国内重点铁矿项目建设的重大问题。省级铁矿专项工作组制定实施方案，提出工作目标、主要任务和政策措施，明确责任部门，突破要件办理障碍，破解制约瓶颈，化解项目推进堵点难点，加快项目前期手续审批，积极促进铁矿项

目建设。2022 年 11 月，国内最大单体地下铁矿山项目——西鞍山铁矿开工建设，彭集铁矿、红格南矿区等一批拟建大型矿山项目加快推进，首钢马城铁矿、河钢司家营南区铁矿、本溪龙新矿业思山岭铁矿、马钢罗河一期扩能技改工程等一批重大铁矿项目加快落地。2022 年黑色金属矿采选业固定资产投资同比增长 33.3%，位居采矿业之首，增速比上年加快 6.4 个百分点，其中民间投资增长 27.9%，增速较上年加快 6 个百分点。全年投资增幅均在 25% 以上，投资意愿及积极性较高。

海外权益矿项目取得明显进展。宝武资源聚焦非洲和澳洲两个重点区域，密切跟踪东南亚及中亚区域潜在资源项目，战略项目取得实质性进展：Bomi 项目获得采矿证和环评证书；邦矿 150 万吨干磨干选项目已完成工程设备招投标；X 项目签署合作协议核心条款，矿山和基础设施建设稳步推进；西坡项目签订合作协议，完成股东审批；API-Ashburton 项目签署合作协议核心条款。

2. 实施管理增效、技术改造，综合竞争力持续增强

2022 年，冶金矿山企业紧紧围绕"强管理、提效益、降成本"这一主线，不断优化制度体系、责任体系，确保管理规范、制度清晰、责任明确。各企业深入挖潜增效，凝聚降本合力，从压实责任、量化降本、科技创效上下功夫，通过强化生产调度、避峰就谷用电、设备修旧利废、调配产品运输，实施成本精细化管理，完善各项成本费用管理台账，实时跟踪成本动态，拓宽降本空间等措施，向管理要效益。瞄准设备、工艺等方面的突出问题和薄弱环节，大力推动技术升级和技术创新，优化工艺流程，推动产线智慧升级，促进成本不断降低。查找生产各环节提效降本潜力点，开展破碎机衬板改造、电动轮电机性能优化、再磨再选工艺优化等技术攻关，促进产线效率提升，在增产与创效的基础上，进一步降低成本费用。通过上述工作的开展，中国冶金矿山企业协会重点统计企业铁精矿完全成本较上年下降 9.2%，劳动生产率提高 1.9%。

各企业也在实际工作中总结出一些好经验、好做法，河钢矿业构建了"财务部门及时发现问题—业务部门深入分析原因—矿山严格落实降本增效—财务部门跟进降本效果"的成本费用管控工作闭环模式，层层压紧压实责任，提高全员意识，快速提升管控能力。五矿矿业推行全员、全方位、全过程"持续均衡"成本管理，对采选工艺从工序成本、人工、折旧三方

面做整体梳理统计，每个工序从材料、备件、动力、人工及折旧进行细化，强化了工序成本管理，精矿制造成本下降 10%。

3. 强化技术创新体系，科技创新能力进一步增强

冶金矿山行业强化技术创新战略引领，通过成立科技创新委员会、技术委员会、专家委员会，以及建设院士工作站等组织，持续完善技术创新体系。在实际工作中，冶金矿山企业充分发挥创新主体作用，全面提高自主创新能力，培育发展新动力，加快打造原创技术"策源地"，强化原创技术供给，加速创新要素集聚，促进产业链创新链深度融合；加快原创成果转化，优化创新生态，营造鼓励探索、宽容失败的良好氛围。

2022 年期间，冶金矿山行业"复杂难处理铁矿资源高效开发利用技术"等 10 余项国家科技支撑项目按计划推进，"高寒及生态脆弱区大型矿山绿色开采技术""超大型深井矿山高效绿色开采技术与智能装备"等国家重点项目获得立项，科技创新 2030 重大项目"紧缺战略性矿产资源找矿勘查与开采重大研究"取得重要进展。同时，还开展"大型矿山超高陡边坡透明化监测预警技术研究"等 11 项国家矿山安全生产科研项目攻关。《金属非金属矿山充填工程技术标准》（GB/T 51450—2022）等 50 余项标准制修订工作有序开展。

科技研发费用投入强度持续提高，中国冶金矿山企业协会重点统计企业科技研发投入强度 1.48%，同比提升 0.52 个百分点，其中攀钢矿业、马钢矿业、武钢资源、重钢西昌矿业、安徽金安矿业、本溪龙新矿业等企业该指标超过 4.0%。科技创效显著，全年实施重点科研项目 640 余项，创效 45.86 亿元；推进科研成果、四新项目成果转化，加大合理化建议应用力度，职工创新工作室完成创新项目 2200 余项，创效 20.18 亿元；强化专利技术和专有技术的转化应用，2022 年申请专利 650 余件，其中发明专利 300 余件。南方锰业集团荣获国家知识产权示范企业、国家技术创新示范企业、国家专精特新"小巨人"企业等三项国家级科技荣誉，马钢矿业南山矿、姑山矿等获得国家高新技术企业认定。中钢集团马鞍山矿山研究总院股份有限公司获批"非煤露天矿山灾害防控国家矿山安全监察局重点实验室""安徽省科学家精神教育基地"等科技创新平台。"矿山高陡边坡安全监测预警与应用""境外矿产资源综合评价理论技术与重大应用"等 51 个项目获冶金矿山科学技术奖。

4. 落实主体责任，聚焦隐患排查，安全基础不断夯实

冶金矿山企业牢固树立"以人为本、生命至上""违章就是犯罪""隐患就是事故"等安全理念，修订完善《安全生产责任制》等安全管理制度，层层签订安全责任书，逐级明确目标任务，全面推进全员安全责任制与安全履职清单，形成涵盖全员、全过程、全方位的安全责任体系。开展采场边坡治理、尾矿库安全风险治理、建构筑物及消防隐患整治、四边清理，盯紧可能发生事故的重要领域和部位，落实专项安全措施，严抓细管，强化隐患排查治理。开展协力安全专项整治，推进协作单位安全评价和安全生产标准化建设，提升协作单位安全管理水平。实施智能化改造，扎实推进"智能化无人、自动化减人"，操作远程集控化、现场无人化或少人化取得新成效。持续修改完善生产安全事故应急预案，全年全行业累计开展应急演练 2000 余次，近 10 万人（次）参加应急演练。加大安全投入，全年实施安措项目 1178 项，投入资金 12.97 亿元治理安全隐患、提高本质安全水平。

各企业也采取了一系列风险防控措施，对提升行业整体安全水平起到了积极的促进作用。中钢矿业创建了以安全生产标准化为基础，贯穿融入风险管理和双重预防机制的"基于双重预防机制下的安全生产标准化创新体系"，有效解决了体系重复、繁琐、效率低的弊端，提升了企业安全管理水平。攀钢矿业开展"话安全送嘱托"活动，采取一封安全家书、签订夫妻安全联保承诺书、"三违"人员亲人恳谈会、评比"安全贤内助""安全家庭"等多种方式，发挥亲情在强化职工安全责任意识中的"柔化""感化"作用。

5. 积极落实"双碳"工作，持续巩固绿色矿山建设成果

冶金矿山行业积极响应国家"碳达峰、碳中和"号召，成立"双碳工作推进委员会"，起草《冶金矿山行业"双碳"行动方案》，制定《天然和加工铁矿石产品种类规则（PCR）》标准，编制《铁矿石环境产品声明（EPD）》，发布武钢资源、马钢矿业、八钢矿业、梅山矿业、昆钢矿业、重钢矿业等 6 份铁矿石（球团矿）环境产品声明（EPD）报告，实现铁矿石 EPD 全球首发，为评价铁矿石低碳属性提供了中国方案。宝武资源发布了碳达峰碳中和行动方案，明确了"双碳"工作的基本原则、"碳达峰碳中和"路线图以及各阶段的主要工作方向。太钢矿业落实"双碳"管理，碳数据平台成功上线运行。

认真贯彻习近平生态文明思想，对照法规、强化管理、严格考核，保证环保管理体系有序运行。2022 年，全行业实施低碳环保高产降耗技术研究与应用、落后机电设备淘汰、智慧节能系统改造、清洁能源开发等项目，万元产值能耗同比下降 5%。紧盯排污许可管理、扬尘管控、废水治理、固（危）废管理、在线监测、生态环境恢复治理等重点领域，持续整改，确保环保风险可控。

紧随国家新能源政策加快产业布局。玉溪大红山矿和马钢张庄矿等企业的光伏发电项目并网运行，鞍钢矿业黑牛庄光伏项目具备并网发电条件，华夏建龙宝通矿业滦平抽水蓄能项目开工建设。

深入践行绿色发展理念，实施绿化、美化、复垦"三位一体"推进。2022 年，冶金矿山行业累计投资 5 亿多元，完成矿山生态修复 20000 余亩，复垦耕地 3000 余亩，栽植各类苗木 6800 余万株，减少矿区生态环境破坏、污染和地质灾害发生，生产环境和生活环境得到明显改善，绿色矿山建设成果持续巩固。其中，鞍钢矿业创行业首例成功发行 2 亿元绿色债券，推进生态环境修复治理。马钢矿业推动生态环境治理项目与资源保障产业有效融合，高标准建成了凹山地质文化公园，结合向山生态修复 EOD 项目实施了矿区绿化美化、生产工艺提升等七大类 49 个项目。

6. 推进信息技术与矿业深度融合，智能矿山建设水平不断提升

采矿业已经成为信息化数字化智能化融合应用创新探索非常活跃的行业之一，行业准确把握数字化、网络化、智能化发展历史性机遇，大力推动新一代信息技术与矿业各领域的深度融合，积极推进企业数字化转型和矿山智能化建设。建设智能制造示范工厂、智能制造优秀场景，实现智能采掘与生产控制、环境监测与安全防护以及井下巡检等典型应用，有效促进了减人提效、安全生产和降本增效。重点统计企业全年智能矿山建设投入 11.6 亿元，高效实施了 148 项智能制造项目和 220 项信息化改造项目。

首钢矿业搭建"三化两图四平台"智能矿山整体架构，建设无人选厂、推进井下移动设备地面操控，建设产线工控一张图，开发产线管理一张图，搭建"混合云"、开发"智·首矿"，推进移动智慧办公。玉溪大红山矿研发了基于手机微信的"二维码"设备智能管控平台，旋回破碎机、主要运输胶带、半自磨机、球磨机、变压器等主体设备实现"线上"管理。鞍钢矿业建成矿业数智管控中心并上线运行，矿业智慧采选工业互联网平台被全球工业互联网大会评为年度十大典型案例，眼前山智慧矿山项目获得金

紫竹奖。

7. 抢抓政策机遇，提高运营质量

全行业持续推进"三降一减一提升"专项方案，降"两金"、调结构，细化落实稳经济一揽子政策措施，运用融资统借统还免缴增值税等优惠政策，及时进行税务申报、备案，推进资金高效运转，阶段性缓解了资金压力、增加了当期效益、提高了资金运营质量，重点统计企业全年资产负债率 46.8%，同比降低 1.2 个百分点。其中，华夏建龙减税降费 3900 余万元，鞍钢矿业首次引入外部股东，成功引进 67.1 亿元权益资金，资产证券化取得突破性进展。南方锰业抢抓 RCEP 机遇，办理输往日本的第一份 RCEP 原产地证书，向"一带一路"重要国家哈萨克斯坦出口产品，政企、银企合作如火如荼，实现金融实体融合发展。

8. 统筹人才队伍建设，实现人才队伍增能提素

各矿山企业统筹推进管理、技术、技能人才队伍建设，实施岗位体系优化，大力开展交流任职，畅通员工职业发展通道；加大年轻干部选拔、培养和使用力度，不断优化干部队伍结构；开展工程技术人员创新攻关团队建设，加强课题研究，加快现场工艺工序技术人才成长；建设实训基地，强化实操能力培训，提升高技能人员比例。针对不同层级不同类别的员工开展一系列覆盖范围广、针对性强的培训项目，形成了从领导到基层、从技术到管理、从线下到线上的全方位的人才培养体系。通过师带徒、百日竞赛、擂台赛等活动，促进技能人才能力提升。以技能大赛、职工创新成果评选为契机，引导干部职工主动学习、吸收、掌握同行业智慧制造先进经验，着力培养一批远程操控维护、现场攻关改造的高技能人才，形成具有不同专业、不同类型、不同梯次的后备人才队伍，为行业高质量发展提供强有力的支撑。

二、废钢产业运行情况

（一）疫情困扰，市场低迷，资源量首次下降

面临多重超预期因素的冲击，以及疫情持续、反复的扰动，2022 年国内钢铁行业整体盈利水平大幅下降，钢铁企业陷入深度调整。受此影响，废钢市场整体表现低迷，供需呈现为同步收缩状态，废钢回收加工企业产能利用率也处于较低水平；钢厂则在严控成本的"紧箍咒"下，纷纷降低

废钢常备库存。全国各地受疫情影响，工地、工厂均存在不同程度和频率的停产情况，物流也受到很大限制，多数企业反映废钢资源量出现明显减少的情况。通过各行业调研，2022 年我国废钢资源量为 26300 万吨，同比减少 1000 多万吨，这是废钢资源量首次出现下降。

（二）炼钢废钢消耗总量和废钢比双双下滑

2022 年废钢铁消耗量呈现前高后低的态势，自 6 月底，钢铁企业使用废钢炼钢的积极性明显下降，全年炼钢废钢铁消耗总量同比减少约 1600 万吨，废钢比同步下降。

2022 年全国废钢铁消耗总量 21531 万吨，同比减少 1090 万吨，降幅 4.8%；综合废钢单耗 211.51 千克/吨，同比减少 7.5 千克/吨，降幅 3.4%，其中：转炉废钢单耗 169 千克/吨，同比减少 0.9 千克/吨，降幅 0.6%，电炉废钢单耗 606.9 千克/吨，同比减少 47.1 千克/吨，降幅 7.2%；废钢比 21.15%，较上年下降 0.75 个百分点；电炉钢比 9.71%，较上年下降 0.99 个百分点。全国炼钢废钢消耗总量变化如图 7-5 所示。

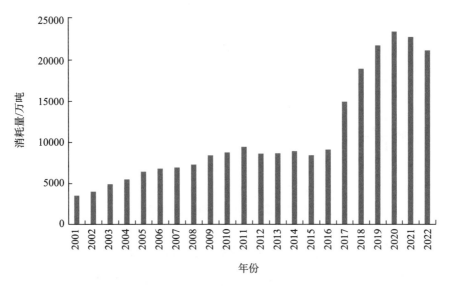

图 7-5　全国炼钢废钢消耗总量变化

数据来源：中国废钢铁应用协会

（三）废钢价格平台大幅下移

2022 年 1-2 月受钢厂冬储支撑，废钢采购价格以稳中小涨为主。春节后，受财税新政影响，部分企业减少贸易量，废钢价格经历短暂的下跌，但随后在局部疫情暴发的情况下，市场资源表现紧俏，导致价格逐步上升，5月初废钢价格达到年内峰值。随后受钢铁下游行业需求下滑、美联储加息、疫情反复等因素的影响，钢材产量及价格下降，钢厂开始出现亏损，废钢价格相应大幅下跌，并在7月中旬下降至全年最低值。8月，钢材价格出现短暂回升，钢厂对废钢的需求增加，废钢价格在8月、9月有所上升；但终端需求难以持续增长，废钢价格缺乏继续上涨动力。10月废钢平均价格较上月出现下降。8-10月全国废钢平均价格整体处在波动下降态势。11月以后，疫情防控政策逐渐优化，国家宏观政策利好持续释放，美联储加息预期开始下降，在多重利好的作用下，11-12月废钢市场价格有所回升。全年主要废钢品种价格周报如图7-6所示。

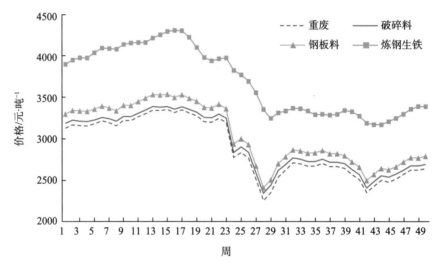

图7-6　2022年主要废钢品种价格周报
数据来源：中国废钢铁应用协会

（四）再生钢铁原料进口量难以大幅增长

2020年12月31日，生态环境部等五部委联合发布公告，根据2020年12月14日国家市场监督管理总局（国家标准化管理委员会）批准发布的《再生钢铁原料》（GB/T 39733—2020）国家标准，自2021年1月1日起，再生钢铁原料不属于固体废物，可自由进口。

2022年6月18日，中钢协质标委和铁合金标委会正式发布了《GB/T 39733—2020〈再生钢铁原料〉国家标准实施指引》，该实施指引对在标准实施过程中提出的或者可能出现的各种疑问进行了解答，进一步推动了国家标准的有效实施。但由于标准较为严格，海关对固废进口的查处力度较大，再生钢铁原料外观与固废类似，容易形成误判，进而使企业面临较高风险，因此国际市场上流通的主流料型仍然难以进入中国市场，贸易商只能在多国激烈竞争的情况下，以高价进口优质的再生钢铁原料，而进口量短时间内也难以大幅增长。

2022 年 1-12 月，我国再生钢铁原料累计进口 55.89 万吨，较上年增长 0.61%。按国别分，从日本进口 35.23 万吨，占全年总进口量的 63.04%，进口量较上年增长 10.13%；从英国进口 9.59 万吨，占全年总进口量的 17.15%，进口量较上年增长 14.47 倍；从韩国进口 5.44 万吨，占全年总进口量 9.73%，进口量较上年下降 43.20%。从分国别进口量占比看，2022 年我国废钢主要进口来源国还是日本和韩国，且进口订单多具有进口源集中、进口量小、进口品种单一、进口价格高等特点。

三、焦化行业运行情况

2022 年，全球地缘政治博弈更加激烈，全球产业链供应链跌宕起伏，世界经济复苏明显乏力；我国经济发展面临需求收缩、供给冲击、预期转弱三重压力，党中央国务院始终把握疫情要防住、经济要稳住、发展要安全的战略总基调，不断深化改革，实施高质量发展，宏观经济运行总体趋好。焦炭行业总体运行平稳，焦炭价格在全年呈现冲高回落、宽幅震荡走势。

（一）总体运行平稳，产量略有增长

2022 年，我国焦炭产量 47343.6 万吨，同比上涨 1.3%，占世界焦炭产量 69%，其中，钢铁联合焦化企业焦炭产量 12150.7 万吨，同比下降 0.92%，其他焦化企业焦炭产量 34472.7 万吨，同比增长 2.1%。

按地区统计，因环境重点监管地区部分焦化企业产能置换项目完成，产能得以释放，冬奥会限产及下半年受市场因素影响，全国各省焦炭产量增减不一，其中河南、陕西等 2021 年减产幅度较大省份，在 2022 年产量增幅排名前列，河南焦炭产量较上年增长 25.3%（2021 年产量同比下降 18%），陕西焦炭产量较上年增长 6.8%（2021 年产量同比下降 13.9%）。非环境重点地区主要受市场因素影响，减产幅度较大，其中减产幅度排名前

三位的青海、贵州、湖南焦炭产量分别较上年下降 43.2%、22.2%和 13.7%。

（二）焦炭价格冲高回落

2022 年焦炭价格走势呈现冲高回落态势。上半年受钢厂复产以及钢材利润上涨影响，导致焦炭需求相应增加，焦炭价格整体表现强势；下半年焦炭在紧平衡状态下，因钢厂持续亏损，焦炭需求下降，焦炭价格呈现波动下降态势。

1-5 月，焦炭价格涨多跌少，价格保持在较高水平，主要原因有：第一，两会后释放的利好消息提振了市场信心；第二，冬奥会结束后，钢企采购积极性回升，相应带动价格上涨。5-8 月，受疫情影响，终端市场预期没有兑现，终端需求负反馈传导至原燃料市场；随着钢材需求不足预期，部分钢企出现亏损，导致钢企开始限产检修并控制焦炭到货量，焦炭价格持续下降。四季度，针对房地产行业的利好政策密集颁布，市场情绪有所好转，11 月下旬焦炭价格开始波动回升。

（三）焦炭供需情况

2022 年焦炭产量 4.73 亿吨，同比增长 1.9%。2022 年焦炭产量增长的主要原因有：第一，产能置换项目完成，焦炭产能净增 2000 余万吨；第二，环保限产等政策因素影响弱于往年。

需求方面，近三年粗钢产量呈逐年小幅下降趋势（2020-2022 年分别为 10.65 亿吨、10.35 亿吨、10.18 亿吨），理论上应带动焦炭需求量小幅下降。但因全国电炉钢平均成本高于长流程，故在钢企利润下滑的情况下，导致长流程炼钢比例增加，在一定程度上支撑了国内焦炭的需求。

（四）企业盈利情况

2022 年，多数焦化企业利润出现大幅下滑，甚至部分企业处于亏损状态。其原因主要有：从外部因素看，主要受俄乌冲突导致全球能源供应波动，叠加澳煤、蒙古煤进口等因素影响；从内部因素看，主要受焦炭产能有所扩大且钢铁下游需求回落影响。

2021 年至 2022 年年中，炼焦煤供需整体呈现偏紧状态，国内供应不足，进口补充有限，而下游需求表现相对强势，导致炼焦煤价格呈大幅上涨态势。从 2022 年总体情况来看，上半年焦炭价格虽然大幅上涨，但焦化企业生产成本也出现增长，使得其利润并未明显增加。其他时期因焦炭价格涨跌幅与炼焦煤涨跌幅不匹配，多数情况下炼焦煤价格上涨先于或高于焦炭价格，降价时则滞后于焦炭，且价格降幅有时也低于焦炭。上述因素叠加焦炭产能扩大，因此多数时间焦企处于亏损状态。

（五）焦炭出口量大幅增长，进口量明显下降

2022 年，我国焦炭累计出口 894.93 万吨，同比增长 38.76%，出口平均价格为 450.78 美元/吨，同比上涨 22.94%；从我国进口焦炭前三名的国家是印度、印度尼西亚和巴西，共进口我国焦炭 429.62 万吨，占我国出口总量的 50.55%。我国累计进口焦炭 51.46 万吨，同比下降 61.40%，进口焦炭平均价格 416.3 美元/吨，同比上涨 23.18%；向我国出口焦炭前三名的国家是日本、俄罗斯和哥伦比亚，合计向我国出口焦炭 49.54 万吨，占我国进口总量的 96.3%。2022 年我国出口焦炭总量比进口焦炭多 843.47 万吨。

（六）2023 年焦炭市场预测

预计 2023 年焦炭维持供应相对充足，需求基本持平局面，主要原因如下：

第一，新建产能逐步投产，产能相对过剩。2023 年，山西、内蒙古等焦炭主产区继续实施产能置换政策，其中山西计划 2023 年底前全部关停炭化室高 4.3 米焦炉，同时一批新建项目投产，考虑焦企因利润下滑等原因，部分项目开工延后或者投产延期，预测 2023 年焦炭产能小幅增长，焦化企业间的竞争会更加激烈。

第二，2023 年印尼等国新建焦化项目投产，海外供应增加，并有回流中国可能，我国焦炭出口量将减少，预计减少约 100 万吨。

第三，炼焦煤供需偏紧状态逐步改变。2022 年煤炭核增产能 3 亿吨，核增产能将在 2023 年陆续释放，动力煤供应将好转。届时与动力煤重合部分的煤炭资源将重回炼焦煤市场，叠加蒙煤通关好转，进口焦煤总量增加等因素，预计 2023 年炼焦煤供需偏紧状态逐步改变，有利于焦炭产能释放。

第四，2023 年中国 GDP 增速在 5%左右，国内经济稳字当头，钢材供需有望保持平稳，焦炭需求预计与 2022 年基本持平。

第五，产量端的供给维持在相对高位，焦炭市场整体供给将呈现宽松状态，2023 年炼焦煤价格大概率出现下降，上述情况将导致焦炭价格走弱，同时由于业内竞争加剧，存在焦企利润被进一步压缩，维持低利润运行，

阶段性亏损状态的可能。

（七）推进低碳发展新目标

为落实《关于严格能效约束推动重点领域节能降碳的若干意见》有关部署，推动各有关方面科学做好重点领域节能降碳改造升级，2022 年 2 月 3 日，国家发展改革委等四部委发布的《高耗能行业重点领域节能降碳改造升级实施指南（2022 年版）》提出，通过引导企业改造升级、加强技术攻关、促进集聚发展、加快淘汰落后等手段，到 2025 年，焦化行业能效标杆水平以上产能比例超过 30%，能效基准水平以下产能基本清零，行业节能降碳效果显著，绿色低碳发展能力大幅提高。面对新的形势任务，2023 年，焦化企业要对国家及地方规定的定量性指标逐项核对，尽快制定具体的规划措施，主动作为，尽早实现目标要求。

（本章撰写人：马增凤，中国冶金矿山企业协会；
王方杰，中国废钢铁应用协会；
曹红彬，中国炼焦行业协会）

第8章
2022年会员钢铁企业经济效益及财务状况分析

2022年，国际地缘政治局势动荡，全球产业链供应链持续紧张，叠加国内疫情多发散发，我国经济运行承受了超预期下行压力，钢铁行业发展所处的外部环境也较为严峻。面对下游需求减弱、钢价低位震荡、原燃料成本上升等困难，钢铁行业坚持"市场判断要理性、具体措施要现实、整体应对要积极"的应对方针，加强行业自律，严控经营风险，积极采取措施降本增效，努力保持市场供需动态平衡，实现了行业运行总体平稳，为国民经济持续恢复作出了贡献。

一、经济效益及财务状况分析

（一）主要效益指标同比下降

据钢协统计，2022年会员钢铁企业实现营业收入65875亿元，同比下降6.35%；营业成本61578亿元，同比下降1.94%，收入降幅高于成本降幅4.41个百分点。实现利税2272亿元，同比下降54.81%；利润总额982亿元，同比下降72.27%。全年会员钢铁企业销售利润率1.49%，同比下降3.54个百分点；12月末会员钢铁企业资产负债率61.73%，同比上升0.53个百分点。主要效益指标见表8-1。

表8-1　2022年钢协会员钢铁企业主要效益指标　　　　　　　　亿元

指标名称	2022年	2021年	增减额	增减率/%
营业收入	65875	70338	−4463	−6.35

指标名称	2022 年	2021 年	增减额	增减率/%
营业成本	61578	62797	−1219	−1.94
期间费用	3487	3685	−199	−5.40
实现利税	2272	5027	−2756	−54.81
利润总额	982	3541	−2559	−72.27
销售利润率/%	1.49	5.03	下降 3.54 个百分点	
资产负债率/%	61.73	61.20	上升 0.53 个百分点	

数据来源：中国钢铁工业协会。

（二）销售利润率总体低于上年

2022 年，会员钢铁企业销售利润率为 1.49%，同比下降 3.54 个百分点。从两年月度销售利润率趋势看，2021 年 1-2 月销售利润率维持在 4% 左右，3 月起市场钢材价格持续上涨，月度利润率逐步攀升，到 5 月达到全年最高值 9.22%。转至下半年，随着需求收缩、钢价下跌以及原燃料价格高位，销售利润率在 6-10 月逐渐回落。11-12 月受部分企业跨周期调节、处理历史遗留问题等因素影响，销售利润率出现大幅下跌。

2022 年一季度，作为传统销售淡季，钢材生产与消费均处于较低水平，但供需基本平衡，销售利润率逐月上升，到 3 月达到全年最高值 4.88%。二季度，受疫情反弹、俄乌冲突等超预期因素影响，钢材需求减弱、价格下跌，销售利润率逐月下滑。三季度，钢材需求进一步收缩，钢铁行业继续震荡下行，整体进入亏损状态，销售利润率在 7 月降至全年最低值（−2.04%）。四季度，钢铁行业对新市场环境的适应性逐渐增强，应对措施的效果逐渐显现，经济效益呈现止跌企稳态势，11 月销售利润率回升至 0.91%。纵观 2022 年全年，钢铁行业在持续承压的状态下，大多数月份销售利润率低于上年同期。各月销售利润率如图 8-1 所示。

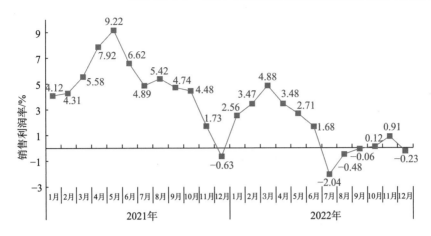

图 8-1   2021-2022 年钢协会员钢铁企业销售利润率月度变化图

数据来源：中国钢铁工业协会

（三）资产负债率同比上升

2022 年，行业经济效益虽然出现大幅下滑，但资产状况仍保持良好状态。钢协会员钢铁企业努力克服困难，继续优化资产债务结构，保持资产负债率在合理水平。2022 年末，资产总额同比增长 2.99%，负债总额同比增长 3.87%。

与此同时，会员钢铁企业积极改善融资结构，增加长贷比例，长期借款同比增长 24.0%，短期借款同比下降 10.8%，长贷比升至 55.9%，比上年末提高 8.2 个百分点。具体资产负债情况见表 8-2。

表 8-2   2022 年末钢协会员钢铁企业资产负债情况　　　　　亿元

项目	2022 年末	2021 年末	增减额	增减率/%
资产总额	63424	61583	1841	2.99
负债总额	39149	37691	1459	3.87
银行借款	13051	12336	715	5.80
其中：短期借款	5756	6453	−697	−10.80
长期借款	7295	5883	1412	24.00

数据来源：中国钢铁工业协会。

2022 年会员钢铁企业资产负债率小幅上升，年末为 61.73%，同比上升

0.53 个百分点，仍为近几年的较好水平。流动比率同比下降 0.86 个百分点，速动比率同比上升 1.05 个百分点。具体情况见表 8-3。

表 8-3　2022 年末钢协会员钢铁企业资产负债率、
流动比率、速动比率情况　　　　　　　　　%

项目	2022 年末	2021 年末	增减百分点
资产负债率	61.73	61.20	0.53
流动比率	93.46	94.32	−0.86
速动比率	69.35	68.30	1.05

数据来源：中国钢铁工业协会。

二、影响效益变化的原因分析

（一）钢材结算价格同比下降

2022 年，钢铁企业财务结算价格总体水平低于上年。据钢协"钢铁企业财务结算价格监测系统"数据，2022 年全年钢材综合平均结算价格为 4425 元/吨，同比下降 526 元/吨，降幅 10.62%。其中长材下降 11.25%，板带材下降 11.49%，管材上升 3.84%。具体各品种结算价格见表 8-4。

表 8-4　2022 年钢协会员钢铁企业钢材结算价格　　　元/吨

项目	2022 年	2021 年	增减额	增减率/%
钢材综合	4425	4951	−526	−10.62
其中：长材	4087	4605	−518	−11.25
板带材	4612	5211	−599	−11.49
管材	6402	6165	237	3.84

数据来源：中国钢铁工业协会。

从主要钢材品种的结算价格看，除热轧无缝钢管外，其他品种结算价格均同比下降。其中，钢筋、线材、中厚宽钢带、热轧薄宽钢带、冷轧薄宽钢带、热轧窄带钢同比下降幅度均超过 10%。具体各品种钢材结算价格见表 8-5。

表 8-5 2022 年钢协会员钢铁企业主要钢材品种结算价格　　元/吨

项目	2022 年	2021 年	增减额	增减率/%
钢筋	3863	4411	−548	−12.42
线材	4147	4690	−543	−11.58
厚板	4723	5091	−368	−7.23
中板	4877	5175	−298	−5.76
中厚宽钢带	4148	4870	−722	−14.83
热轧薄宽钢带	4229	4897	−668	−13.64
冷轧薄宽钢带	5003	5775	−772	−13.37
热轧窄钢带	3921	4545	−624	−13.73
热轧无缝钢管	6803	6450	353	5.47

数据来源：中国钢铁工业协会。

（二）铁素成本下降，煤焦价格坚挺

国内钢铁生产受需求减弱和限产等因素影响，产量有所下降，对铁矿石等原料需求也相应降低，采购成本同比下降，降幅超过 20%。而煤焦等燃料受国内产能和进口限制，采购成本同比上升，炼焦煤和喷吹煤升幅相对较大，分别达到 24.91% 和 24.31%。具体各原燃料采购成本见表 8-6 和图 8-2 至图 8-4。

表 8-6 2022 年钢协会员钢铁企业主要原燃料采购成本　　元/吨

项目	2022 年	2021 年	增减额	增减率/%
国产铁精矿	823	1113	−290	−26.06
进口粉矿	841	1109	−268	−24.16
炼焦煤	2374	1901	473	24.91
喷吹煤	1676	1348	328	24.31
冶金焦	2925	2862	63	2.19
废钢	3088	3240	−151	−4.67

数据来源：中国钢铁工业协会。

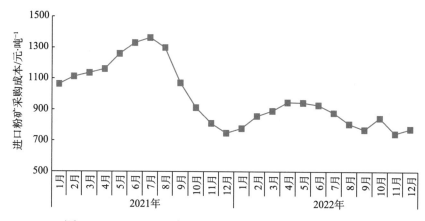

图 8-2　2021-2022 年进口粉矿采购成本月度走势图
数据来源：中国钢铁工业协会

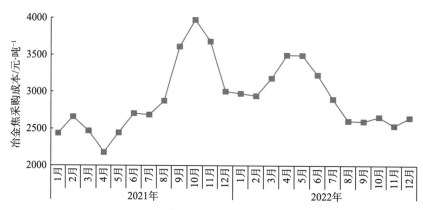

图 8-3　2021-2022 年冶金焦采购成本月度走势图
数据来源：中国钢铁工业协会

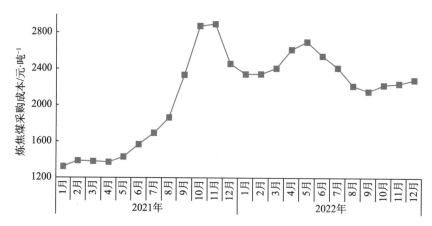

图 8-4　2021-2022 年炼焦煤采购成本月度走势图
数据来源：中国钢铁工业协会

（三）期间费用有所下降，研发费用保持增长

2022 年，钢协会员钢铁企业期间费用 3487 亿元（表 8-7），同比下降 5.4%。其中销售费用 398 亿元，同比下降 9.69%；管理费用 1145 亿元，同比下降 14.47%；财务费用 746 亿元，同比下降 3.06%；研发费用 1197 亿元，同比增长 5.38%，占营业收入比重为 1.82%，比上年提高了 0.2 个百分点。

表 8-7 2022 年钢协会员钢铁企业期间费用情况 亿元

项目	2022 年	2021 年	增减额	增减率/%
期间费用	3487	3685	−199	−5.40
其中：销售费用	398	440	−43	−9.69
管理费用	1145	1339	−194	−14.47
研发费用	1197	1136	61	5.38
财务费用	746	770	−24	−3.06

数据来源：中国钢铁工业协会。

2022 年，面对超预期因素冲击，钢铁行业坚决贯彻党中央国务院"稳字当头、稳中求进"的决策部署，深化改革、强化管理、挖潜增效，努力克服严峻外部环境带来的困难，助力支撑了国民经济企稳回升。2023 年，钢铁行业将按照党中央、国务院的决策部署，完整、准确、全面贯彻新发展理念，加快构建新发展格局，主动适应市场需求变化，努力保持供需动态平衡，多措并举推动行业高质量发展。

（本章撰写人：董志强，路文汐，中国钢铁工业协会）

第9章
2022年国内钢材市场分析

2022年，国民经济运行总体保持平稳。以房地产为代表的主要用钢行业消费需求有所下降，钢产量也有小幅下降，钢铁市场供需总体保持平衡。从全年运行情况看，钢材价格前高后低，与2021年相比有较大幅度下降。

一、2022年国内钢材市场价格总体走势

（一）国内市场钢材价格前高后低，总体水平低于上年

2022年，中国钢材价格指数（CSPI）平均值为122.78点，比上年下降19.25点，降幅为13.55%（表9-1）。从分月情况看，1-4月份钢材价格呈上升走势，5-7月钢材价格快速下跌，8-11月钢材价格小幅波动下行，12月钢材价格有小幅回升（图9-1）。

表9-1　2022年CSPI中国钢材价格平均指数变化情况

项目	2022年平均	2021年平均	同比增长	同比增幅/%
综合指数	122.78	142.03	−19.25	−13.55
长材	128.33	145.85	−17.52	−12.01
板材	121.40	141.46	−20.06	−14.18

数据来源：中国钢铁工业协会。

从大品种情况看，CSPI长材指数平均值为128.33点，同比下降17.52点，降幅为12.01%；CSPI板材指数平均值为121.40点，同比下降20.06点，

降幅为 14.18%。板材价格降幅比长材高 2.17 个百分点（图 9-2 和图 9-3）。

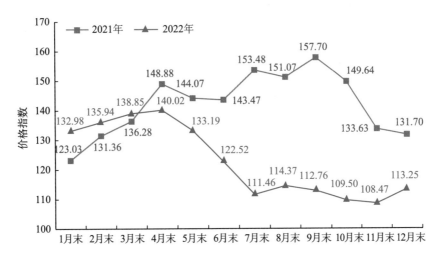

图 9-1　2021-2022 年中国钢材价格指数（CSPI）走势图

数据来源：中国钢铁工业协会

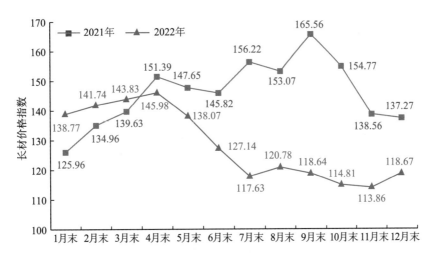

图 9-2　2021-2022 年 CSPI 长材价格指数走势图

数据来源：中国钢铁工业协会

1. 2022 年主要钢材品种价格变动情况

2022 年，钢协监测的八大钢材品种均有较大幅度的下降。总体看，板材类品种降幅高于长材。其中冷轧薄板和热轧卷板降幅较大，分别下降 1027 元/吨和 830 元/吨，降幅分别为 16.92% 和 15.51%（表 9-2）。

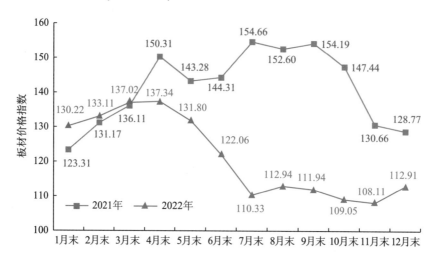

图 9-3 2021-2022 年 CSPI 板材价格指数走势图

数据来源：中国钢铁工业协会

表 9-2 2022 年主要钢材品种平均价格变化情况 元/吨

项目	2022 年平均	2021 年平均	同比增长	同比增幅/%
高线 6.5mm	4593	5227	−634	−12.13
螺纹钢（钢筋）16mm	4336	4924	−588	−11.94
角钢 5#	4685	5292	−607	−11.47
中厚板 20mm	4595	5315	−719	−13.54
热轧卷板 3.0mm	4520	5351	−830	−15.51
冷轧薄板 1.0mm	5040	6067	−1027	−16.92
镀锌板 0.5mm	5380	6333	−953	−15.04
热轧无缝管 219mm×10mm	5652	6051	−398	−6.58

数据来源：中国钢铁工业协会。

2. 2022 年主要区域市场钢材价格变化情况

2022 年，各地区钢材价格平均指数均有所下降，降幅差距较小。其中，华东地区降幅相对较大，同比下降 14.00%；西南和西北地区降幅相对较小，降幅分别为 13.22% 和 12.36%；华北、东北及中南地区分别下降 13.47%、13.77% 和 13.39%（表 9-3）。

表 9-3　CSPI 分地区钢材价格指数变化情况

CSPI 地区指数	2022 年平均	2021 年平均	同比增长	同比增幅/%
华北地区	122.04	141.03	−18.99	−13.47
东北地区	121.33	140.71	−19.37	−13.77
华东地区	123.99	144.17	−20.18	−14.00
中南地区	126.00	145.48	−19.48	−13.39
西南地区	122.45	141.12	−18.66	−13.22
西北地区	125.53	143.24	−17.71	−12.36

数据来源：中国钢铁工业协会。

（二）2022 年国际市场钢材价格触底回升

2022 年，CRU 国际钢材价格平均指数为 268.81 点，同比下降 28.07 点，降幅为 9.45%，国际钢材价格降幅小于国内钢材价格，降幅 4.10 个百分点。国际价格指数变化情况分别见图 9-4 和表 9-4。

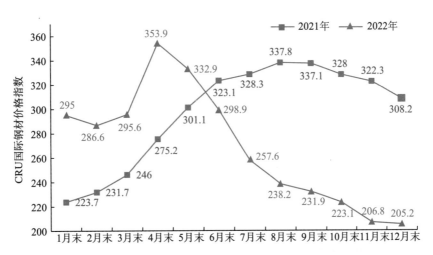

图 9-4　2021-2022 年 CRU 国际钢材价格指数走势图

数据来源：CRU

表 9-4　2022 年 CRU 国际钢材价格平均指数变化情况

项目	2022 年平均	2021 年平均	同比增长	同比增幅/%
钢材综合	268.81	296.88	−28.07	−9.45

续表 9-4

项目	2022 年平均	2021 年平均	同比增长	同比增幅/%
长材	279.22	255.57	23.65	9.25
板材	263.65	317.38	−53.73	−16.93
北美市场	298.75	371.53	−72.78	−19.59
欧洲市场	314.53	323.82	−9.28	−2.87
亚洲市场	221.70	247.93	−26.23	−10.58

数据来源：CRU。

（三）2022 年中国钢材进出口价格变化情况

2022 年，中国出口钢材平均单价 1434.1 美元/吨，同比上升 17.7%；中国进口钢材平均价格为 1617.3 美元/吨，同比上升 23.2%。

二、2022 年国内钢材市场分析

（一）国民经济运行平稳，为钢铁市场稳运行提供基础

2022 年，中国宏观经济总体运行平稳。全年国内生产总值 1210207 亿元，比上年增长 3.0%。其中，第一产业增加值 88345 亿元，比上年增长 4.1%；第二产业增加值 483164 亿元，增长 3.8%；第三产业增加值 638698 亿元，增长 2.3%。第一产业增加值占国内生产总值比重为 7.3%，第二产业增加值比重为 39.9%，第三产业增加值比重为 52.8%。工业生产持续发展，高技术制造业和装备制造业较快增长。从固定资产投资来看，2022 年，固定资产投资平稳增长，固定资产投资（不含农户）572138 亿元，增长 5.1%。国民经济的平稳运行，为钢铁市场持续平稳运行提供了良好的基础。

（二）下游行业增长趋缓，钢材总体消费同比下降

从主要用钢行业来看，房地产行业各项指标持续下降，2022 年全国房地产开发投资 132895 亿元，比上年下降 10.0%。机械、汽车行业总体保持增长但增幅较小，船舶行业三大造船指标一升两降，主要用钢行业钢材消费强度下降，全年折合粗钢表观消费量 9.66 亿吨，同比下降 3.0%。

（三）原燃材料价格上涨，对钢价有支撑作用

2022 年，据钢协监测，CIOPI 进口铁矿石价格有所下降，年均价格为

121.13 美元/吨，同比下降 34.92 美元/吨，降幅为 22.3%；国产铁精矿价格 981 元/吨，同比下降 243 元/吨，降幅为 19.8%；炼焦煤、冶金焦价格同比上涨 321 元/吨和 23 元/吨，涨幅分别为 13.3%和 0.79%；废钢价格同比下降 159 元/吨，降幅为 4.5%。

原燃料价格在 2022 年呈现不同品种间的分化走势。铁矿石价格呈前高后低的走势，上半年延续 2021 年以来的上涨走势，下半年钢铁市场需求下滑，钢产量有所下降，对铁矿石需求下降，铁矿石价格出现较大幅度回落。煤炭价格全年来看也呈现前高后低的走势，但由于供给存在缺口，导致煤炭价格持续高位运行，远高于 2021 年均值。从全年情况看，原燃材料价格涨跌互现，铁矿石价格降幅虽然明显，但炼焦煤价格上涨幅度也较大，对钢材成本带来较大压力（表 9-5）。

表 9-5 2022 年主要原燃材料市场价格变动情况

项目	单位	2022 年平均	2021 年平均	同比增长	同比增幅/%
国产铁精矿	元/吨	981	1224	−243	−19.8
CIOPI 进口矿	美元/吨	121.13	156.05	−34.92	−22.3
炼焦煤	元/吨	2727	2406	321	13.3
冶金焦	元/吨	2909	2886	23	0.79
废钢	元/吨	3367	3526	−159	−4.5

数据来源：中国钢铁工业协会。

（本章撰写人：朱晓波，尹东玲，中国钢铁工业协会）

第10章

2022年会员钢铁企业钢材流通情况分析

参与钢协营销统计的会员企业粗钢产量约占全国粗钢产量的 75%左右。因此，这些企业在钢材流通方面出现的新变化、新特点，在一定程度上代表了全国钢铁企业钢材流通方面的调整与演变。

一、2022 年钢材销售基本情况

2022 年，钢协会员钢铁企业销售钢材 76491.79 万吨，同比上升 1.39%，其中国内销售钢材 74168.22 万吨，同比上升 1.19%，直接出口钢材 2323.56 万吨，同比上升 8.05%；钢材产销率 99.06%，同比下降 0.29 个百分点。2022 年钢铁行业运行环境较为严峻，受疫情多发频发影响，消费恢复压力明显，下游需求不及预期，但工业生产总体保持恢复态势。广大会员钢铁企业面对困难与挑战，积极适应市场变化，坚持"三定三不要"经营原则，狠抓行业经营平稳运行、疫情防控和产业链供应链安全，克服需求下滑、物流受阻、成本上升等困难，努力实现行业平稳运行和健康发展，钢材销售量同比小幅增长，实现了供需动态平衡。面对复杂严峻的外部环境，我国坚定不移推进高水平对外开放，稳外贸政策持续发力，2022 年会员钢铁企业钢材直接出口量呈现前低后高逐步回升的态势，钢材直接出口量总体上升，呈现较强发展韧性。

钢材销售情况通常与钢材价格走势密切相关。从全年情况看，2022 年中国钢材价格指数（CSPI）国内钢材价格指数平均值为 122.78 点，同比下降 19.25 点，降幅为 13.55%，总体上呈现震荡下行态势，年末出现企稳回升（图 10-1）。从分月情况看，2022 年 CSPI 可划分三个阶段：第一阶段是

1 月至 4 月上旬，价格指数呈现小幅上升态势，由年初的 131.80 点上升至 4 月上旬的 142.51 点，为 2022 年全年最高点，增幅为 8.13%；第二阶段是 4 月中旬至 7 月下旬，价格指数快速下跌，由 4 月上旬的 142.51 点降至 7 月下旬的 110.67 点，降幅为 28.77%；第三阶段 8 月上旬至 12 月底，价格指数在 113 点上下窄幅震荡波动，年末企稳回升。据此可判定，会员钢铁企业在 2022 年 1 月至 4 月上旬，钢材销售情况比较平稳乐观；2022 年 4 月中旬至 7 月下旬，会员钢铁企业钢材销售出现下滑态势；2022 年 8 月上旬至 12 月底，随着国家稳经济一揽子政策和接续政策措施落地显效，以及会员钢铁企业积极采取各类应对措施，钢材销售呈现止跌趋稳的走势。

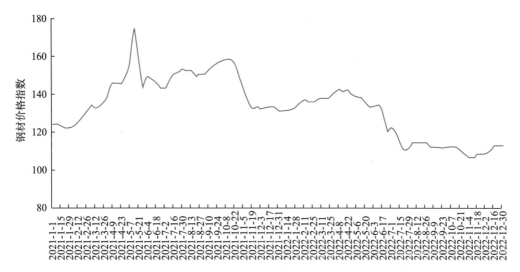

图 10-1　2021-2022 年钢材价格指数

数据来源：中国钢铁工业协会

从 2021-2022 年会员钢铁企业钢材库存的同比增减量来看，企业库存情况同样是钢材市场供需关系的"晴雨表"。2021 年 1-4 月，当会员钢铁企业钢材库存同比下降时，对应钢材价格指数环比上升。其中 2021 年 4 月会员钢铁企业钢材库存同比下降 11.07%，为近几年库存同比较大降幅，对应着该月月末钢材价格指数环比升至 148.88 点，为 2021 年较高值。上述统计现象表明，2021 年一季度国民经济开局良好，钢铁市场需求扩大，拉动钢材价格上升、产销量增长，促进了企业效益回升。

2021 年 5-10 月，多数月份（6 月、9 月除外）会员钢铁企业钢材库存同比连续上升，对应着钢材价格指数环比连续上升，其本质是下半年国内市场需求收缩，库存增加，但得益于政府部门采取产能产量"双控"措施，且在调整钢铁产品进出口政策和广大钢铁企业主动适应钢材市场需求变化的多重作用下，实现供需基本动态平衡。

2021 年 11 月-2022 年 1 月，当会员钢铁企业钢材库存同比增长时，对应钢材价格指数环比下降。其中 2021 年 11 月会员钢铁企业钢材库存同比上升 11.08%，为 2021 年库存同比最大增幅，对应着该月月末钢材价格指数环比降至 133.63 点，为 2021 年较低值。钢材指数环比下降，钢材价格明显回落，对应着会员钢铁企业钢材库存同比上升，上述统计现象表明，在四季度以来的系列振兴工业经济运行政策措施的引领下，钢铁行业供需两端呈现连续数月下滑后的企稳态势，但囿于钢材价格持续回落及消化前期原燃料高成本因素，行业当期效益大幅下降。

2022 年 2-4 月，多数月份（2 月除外）当会员钢铁企业钢材库存同比增长时，对应钢材价格指数环比上升。其中 2022 年 4 月会员钢铁企业钢材库存同比增长 44.76%，为近 2 年库存同比最大增幅，对应着该月月末钢材价格指数环比升至 140.02 点，为 2022 年较高值。当会员钢铁企业钢材库存同比上升，对应着钢材价格指数环比上升，这一现象揭示出会员钢铁企业在钢材价格环比上升时，会加大生产力度，在满足市场需求时，同时增加了库存；当钢材价格环比下降时，会降低生产力度，同时为降低钢材库存资金占用量，会员钢铁企业会加大去库存力度。

2022 年 5-12 月，多数月份（8 月、12 月除外）会员钢铁企业钢材库存同比连续上升，对应着钢材价格指数环比连续下降。其中 2022 年 9 月会员钢铁企业钢材库存同比增长 43.97%，为近两年库存同比较大增幅，对应着该月月末钢材价格指数环比降至 112.76，为 2022 年较低值。上述统计现象表明钢材库存同比增长与钢材价格指数环比下降之间存在一定的负相关性，其与新冠疫情对我国经济造成的影响有关，虽然钢铁行业生产相对稳定，但因需求延迟、物流受限等原因，钢材库存始终保持在高位，钢材价格快速下跌。

综合上述情况可以看出，2022 年钢材市场阶段性需求的快速变化，钢材价格前期升高及后期明显回落，给钢铁行业稳定运行造成了影响。当市场需求较强时，在满足市场需求时，会员钢铁企业同时会加大生产力度，钢材库存同比与钢材价格指数环比之间存在一定的正相关性；当市场需求较弱时，会员钢铁企业生产与销售为了更好的衔接，钢材库存同比与钢材价格指数环比之间存在一定的负相关性（图 10-2）。

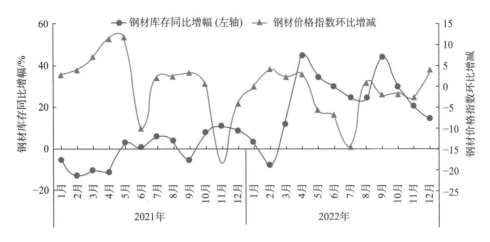

图 10-2　会员钢铁企业钢材库存与价格指数比较

数据来源：中国钢铁工业协会

二、各区域市场钢材流入量增减情况及钢材消费结构分析

（一）华北市场钢材流入量增减情况及钢材消费结构

从钢材流入的增量角度看，2022 年会员钢铁企业面向华北市场的钢材流入量与 2021 年名义比较增长 616.44 万吨，增幅为 4.43%。其中长材流入量增长 232.10 万吨，增幅为 5.36%；板带材流入量增长 374.54 万吨，增幅为 4.10%（图 10-3）。

即华北市场钢材流入量增长是由长材、板带材共同拉动，其中板带材增量规模较大，拉动作用更为突出一些。由于 2022 年华北市场长材流入量增幅大于板带材流入量增幅，故 2022 年长材流入量占华北市场钢材流入量比重（简称"长材流入量占比"）较 2021 年高出 0.28 个百分点，提高至 31.38%，而板带材流入量占华北市场钢材流入量比重（简称"板带材流入量占比"）较 2021 年下降了 0.21 个百分点，降至 65.46%。据此判定 2022 年华北市场钢材需求较 2021 年有所增长，其中板带材消费增量优势及占比优势明显。

对近 5 年华北市场长材流入量、板带材流入量进行比较可知，华北市场板带材流入规模要远远大于长材，同时板带材流入量保持连年增长，且增量规模大于长材，因此华北市场板带材流入量占比连续 2 年（2021-2022

年）超过 65%，但对长材流入量占比的领先优势有所缩小，2021 年高出 34.57 个百分点，2022 年二者缩小至 34.09 个百分点（图 10-3）。综上判定 2022 年华北市场钢材消费中板带材占比优势依然明显，但板带材消费占比优势有所减弱。

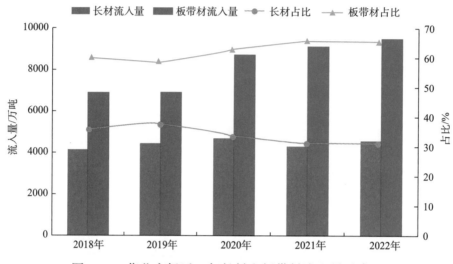

图 10-3　华北市场近 5 年长材和板带材流入量及占比

数据来源：中国钢铁工业协会

（二）东北市场钢材流入量增减情况及钢材消费结构

从钢材流入的增量角度看，2022 年会员钢铁企业面向东北市场的钢材流入量与 2021 年名义比较下降 197.73 万吨，降幅为 5.73%。其中长材流入量下降 88.94 万吨，降幅为 6.79%；板带材流入量下降 94.96 万吨，降幅为 4.65%（图 10-4），即东北市场钢材流入量下降主要由长材、板带材流入量共同下降所致。由于 2022 年东北市场长材流入量降幅大于板带材流入量降幅，因此 2022 年板带材流入量占比较 2021 年高出 0.67 个百分点，提高至 59.81%，而长材流入量占比较 2021 年下降了 0.43 个百分点，降至 37.51%。综上判定 2022 年东北市场钢材需求较 2021 年有所下降，其中长材需求状况弱于板带材。与长材相比，东北地区板带材消费规模优势及占比优势明显。

对近 5 年东北市场长材流入量、板带材流入量进行比较可知，东北市场板带材流入量规模始终大于长材，板带材流入规模曾连续 3 年增长（2019-2021 年），且流入增量大于长材。2022 年板带材流入量占比对长材流入量占比的领先优势不断扩大，如 2020 年板带材流入量占比较长材高出

14.85 个百分点，2021 年高出 21.19 个百分点，2022 年进一步扩大至 22.29 个百分点（图 10-4）。综上判定东北市场板带材消费规模高于长材消费规模，且板带材市场占比持续扩大。

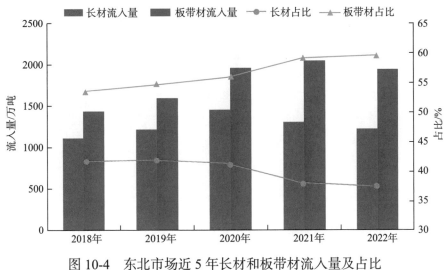

图 10-4 东北市场近 5 年长材和板带材流入量及占比

数据来源：中国钢铁工业协会

（三）华东市场钢材流入量增减情况及钢材消费结构

从钢材流入的增量角度看，2022 年会员钢铁企业面向华东市场的钢材流入量与 2021 年名义比较增长 1134.92 万吨，增幅为 3.61%。其中长材流入量增长 682.28 万吨，增幅为 4.60%；板带材流入量增长 522.73 万吨，增幅为 3.31%（图 10-5），即华东市场钢材流入量增长主要由长材、板带材共同拉动，其中长材作用更为突出一些。由于 2022 年华东市场长材流入增幅大于板带材流入增幅，因此 2022 年华东长材流入量占比较 2021 年高出 0.45 个百分点，提高至 47.67%，而板带材流入量占比较 2021 年下降了 0.14 个百分点，降至 50.06%。综上判定 2022 年华东市场长材及板带材消费状况良好，但长材对该地区钢材拉动作用更为显著。

对近 5 年华东市场长材流入量、板带材流入量进行比较可知，华东市场板带材流入量规模略大于长材；板带材、长材的流入量均连续 4 年增长（2019-2022 年），其中 2019-2021 年板带材增量要大于长材增量，2022 年板带材增量小于长材增量。鉴于板带材流入量占比与长材流入量占比的差值始终控制在 3 个百分点以内，其中 2020 年板带材流入量占比仅高出长材

1.34 个百分点，2021 年高出 2.99 个百分点，到 2022 年又缩小至 2.39 个百分点。综上判定华东市场板带材消费规模与长材消费规模基本相当。

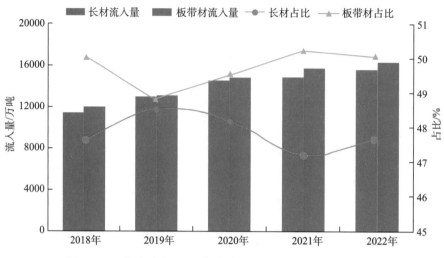

图 10-5　华东市场近 5 年长材和板带材流入量及占比

数据来源：中国钢铁工业协会

（四）中南市场钢材流入量增减情况及钢材消费结构

从钢材流入的增量角度看，2022 年会员企业面向中南市场的钢材流入量与 2021 年名义比较下降 330.47 万吨，其中长材流入量下降了 432.52 万吨，板带材流入量增长 108.95 万吨（图 10-6），即中南市场钢材流入量下

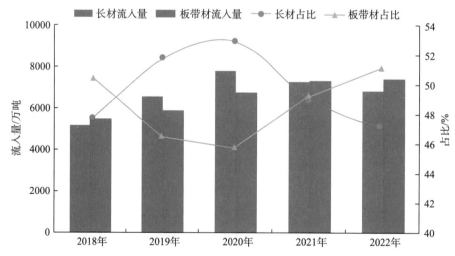

图 10-6　中南市场近 5 年长材和板带材流入量及占比

数据来源：中国钢铁工业协会

降主要由长材流入量下降所致。由于 2022 年中南市场板带材流入量增长而长材流入量下降，因此 2022 年中南板带材流入量占比较 2021 年高出 1.87个百分点，提高至 51.18%，而长材流入量占比较 2021 年下降了 1.86 个百分点，降至 47.15%。综上判定 2022 年中南市场钢材需求较 2021 年有所下降，但板带材消费情况要好于长材，板带材份额得以小幅提升。

对近 5 年中南市场长材流入量、板带材流入量进行比较可知，2019-2020年中南市场长材流入量大于板带材流入量，2021 年板带材流入量首次大于长材流入量，但仅多出 43.70 万吨，2022 年板带材流入量大于长材流入量585.17 万吨。因此，2019-2020 年长材流入量占比具有领先优势，其中 2020年最大扩大至 7.28 个百分点。2021 年板带材流入量占比首次领先长材占比，但仅微弱领先 0.29 个百分点，2022 年占比领先扩大至 4.03 个百分点。综上判定 2022 年中南市场板带材消费占比和规模优势继续扩大。

（五）西北市场钢材流入量增减情况及钢材消费结构

从西北市场钢材流入的增量角度看，2022 年会员钢铁企业面向西北市场的钢材流入量与 2021 年名义比较增长 25.30 万吨，增幅为 0.80%。其中长材流入量增长了 10.35 万吨，增幅为 0.47%；板带材流入量增长了 10.93万吨，增幅为 1.25%（图 10-7），即西北市场钢材流入量增长是由长材、板带材共同拉动。由于 2022 年西北市场板带材流入量增幅大于长材流入量

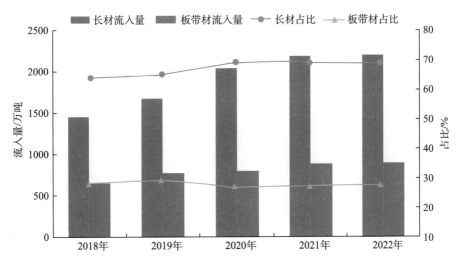

图 10-7　西北市场近 5 年长材和板带材流入量及占比

数据来源：中国钢铁工业协会

增幅，故板带材流入量占比较 2021 年高出 0.12 个百分点，提高至 27.68%，而长材流入量占比较 2021 年下降了 0.22 个百分点，降至 68.79%。综上判定 2022 年西北市场钢材需求较 2021 年有所增长，其中长材消费规模优势及占比优势明显。

对近 5 年西北市场长材流入量、板带材流入量进行比较可知，西北市场长材流入量始终大于板带材，长材流入量基本是板带材的 2 倍以上。2020 年为长材流入量占比与板带材流入量二者差值最大，高出 42.33 个百分点。但 2021 年、2022 年连续两年差值小幅缩小，2022 年二者差值回落至 41.11 个百分点。综上判定 2022 年西北市场长材消费占比优势减弱，但西北市场钢材消费中长材占比优势依然明显。

（六）西南市场钢材流入量增减情况及钢材消费结构

从西南市场钢材流入的增量角度看，2022 年会员钢铁企业面向西南市场的钢材流入量与 2021 年名义比较下降 373.59 万吨，其中长材流入量下降了 203.13 万吨，板带材流入量下降了 215.87 万吨（图 10-8），即西南市场钢材流入量下降主要由长材、板带材流入量共同下降所致。由于 2022 年西南市场长材流入减少量低于板带材流入减少量，因此 2022 年西南长材流入量占比较 2021 年高出 0.66 个百分点，提高至 65.80%，而板带材流入量占比较 2021 年下降了 1.50 个百分点，降至 31.82%。综上判定 2022 年西南市

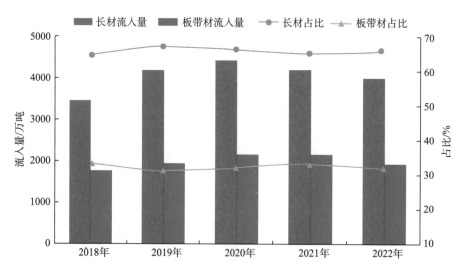

图 10-8　西南市场近 5 年长材和板带材流入量及占比

数据来源：中国钢铁工业协会

场钢材需求较 2021 年有所下降，其中板带材需求状况弱于长材，钢材消费依然以长材消费为主。

对近 5 年西南市场长材流入量、板带材流入量进行比较可知，西南市场长材流入量始终大于板带材，长材流入量基本是板带材的 2 倍。2019 年为长材流入量占比与板带材流入量二者差值最大，高出 36.07 个百分点。2020-2021 年连续 2 年差值有所缩小，2021 年缩小至 31.82 个百分点。2022 年由于西南市场长材流入减少量低于板带材流入减少量，二者差值又扩大至 33.98 个百分点。综上判定 2022 年西南市场钢材消费中长材占比优势依然明显，且长材市场占比进一步扩大。

三、各地区钢铁企业钢材销售流向情况

（一）华北地区钢铁企业钢材销售流向情况

2022 年，华北地区会员钢铁企业销售流向本地钢材量 12885.25 万吨，占华北区域市场份额 88.66%，与 2021 年名义比较下降了 1.49 个百分点；销售流向东北地区钢材量 718.72 万吨，占东北区域市场份额 22.08%（东北区域市场份额=华北地区会员钢铁企业销售流向东北地区钢材量/会员钢铁企业销售流向东北地区钢材量×100%），下降了 0.73 个百分点；销售流向华东地区钢材量 6436.37 万吨，占华东区域市场份额 19.76%，下降了 0.68 个百分点；销售流向中南地区钢材量 2122.72 万吨，占中南区域市场份额 14.61%，下降了 0.37 个百分点；销售流向西北地区钢材量 709.56 万吨，占西北区域市场份额 22.15%，上升了 0.83 个百分点；销售流向西南地区钢材量 574.07 万吨，占西南区域市场份额 9.45%，下降了 1.44 个百分点（图 10-9 和表 10-1）。

上述数据表明，华北地区钢铁企业钢材销售流向的特点是以本地销售为主，配以其他地区。华北地区钢材对其他五大地区均有不同程度渗透，流向西北、东北、华东市场钢材占该区域市场份额 20%左右，流向中南和西南市场钢材占该区域市场份额 9%-15%之间，体现出华北钢材对其他区域市场强大的渗透能力。2022 年，华北钢铁企业本地钢材销售量较上年上升 2.70%，但华北区域市场份额却下降，表明其他地区钢铁企业销往华北区域的钢材同比增长更多（东北钢铁企业增长 23.85%、华东增长 27.11%、中南增长 9.15%），挤占了华北钢铁企业本地市场份额。

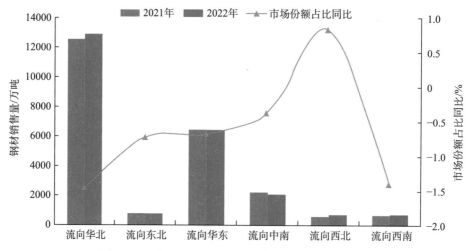

图 10-9　华北地区钢铁企业钢材销售流向情况

数据来源：中国钢铁工业协会

表 10-1　2022 年华北地区钢铁企业钢材销售流向情况　　　　万吨

地区	钢材销售量	同比增减量	同比涨跌幅/%
流向华北	12885.25	338.50	2.70
流向东北	718.72	−68.78	−8.73
流向华东	6436.37	11.41	0.18
流向中南	2122.72	−103.46	−4.65
流向西北	709.56	31.94	4.71
流向西南	574.07	−128.02	−18.23
合计	23446.68	81.58	0.35

数据来源：中国钢铁工业协会。

（二）东北地区钢铁企业钢材销售流向情况

2022 年，东北地区会员钢铁企业销售流向本地钢材量 2344.22 万吨，占东北区域市场份额 72.02%，与 2021 年名义比较下降了 0.17 个百分点；销售流向华北地区钢材量 705.66 万吨，占华北区域市场份额 4.86%，上升了 0.76 个百分点；销售流向华东地区钢材量 2492.14 万吨，占华东区域市场份额 7.65%，下降了 0.42 个百分点；销售流向中南地区钢材量 673.75 万吨，占中南区域市场份额 4.64%，下降了 0.77%；销售流向西北地区钢材量 18.22 万吨，占西北区域市场份额 0.57%，上升了 0.21 个百分点；销售流向西南地区钢材量 6.20 万吨，占西南区域市场份额 0.10%，与去年持平（图 10-10 和表 10-2）。

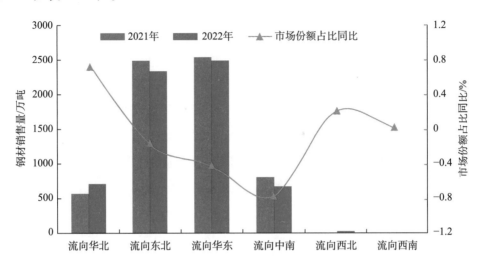

图 10-10 东北地区钢铁企业钢材销售流向情况

数据来源：中国钢铁工业协会

表 10-2 2022 年东北地区钢铁企业钢材销售流向情况 万吨

地区	钢材销售量	同比增减量	同比涨跌幅/%
流向华北	705.66	135.88	23.85
流向东北	2344.22	−148.35	−5.95
流向华东	2492.14	−45.78	−1.80
流向中南	673.75	−129.05	−16.08
流向西北	18.22	6.67	57.75
流向西南	6.20	−0.30	−4.56
合计	6240.17	−180.93	−2.82

数据来源：中国钢铁工业协会。

上述数据表明，东北地区钢铁企业钢材主要流向华东地区和本地，华北地区和中南地区次之，西北和西南地区很少，东北地区钢铁企业销往外地的钢材量超过了本地销售的钢材量，钢材外流的特点较其他地区更为显著。2022 年，东北钢铁企业销往华东地区和中南地区的钢材量较上年下降（华东地区下降 1.80%、中南地区下降 16.08%），导致该区域市场份额有所下降，表明东北钢铁企业为控成本降运费，缩短了销售半径，将一部分过去销往华东、中南地区的钢材转销到华北地区。

（三）华东地区钢铁企业钢材销售流向情况

2022年，华东地区会员钢铁企业销售流向本地钢材量21175.33万吨，占华东区域市场份额65.01%，与2021年名义比较上升了0.54个百分点；销售流向华北地区钢材量554.19万吨，占华北区域市场份额3.81%，上升了0.68个百分点；销售流向东北地区钢材量148.21万吨，占东北区域市场份额4.55%，上升了0.85个百分点；销售流向中南地区钢材量2636.79万吨，占中南区域市场份额18.15%，上升了1.48个百分点；销售流向西北地区钢材量47.51万吨，占西北区域市场份额1.48%，下降了0.12个百分点；销售流向西南地区钢材量290.25万吨，占西南区域市场份额4.78%，上升了0.60个百分点（图10-11和表10-3）。

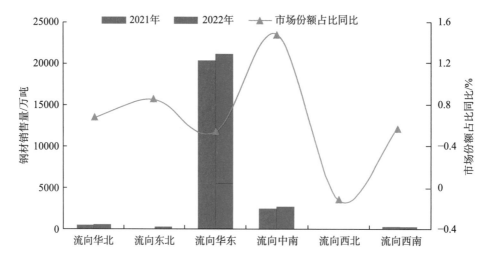

图 10-11　华东地区钢铁企业钢材销售流向情况
数据来源：中国钢铁工业协会

表 10-3　华东地区钢铁企业钢材销售流向情况　　　　　　　　万吨

地区	钢材销售量	同比增减量	同比涨跌幅/%
流向华北	554.19	118.19	27.11
流向东北	148.21	20.41	15.97

续表 10-3

地区	钢材销售量	同比增减量	同比涨跌幅/%
流向华东	21175.33	906.66	4.47
流向中南	2636.79	159.91	6.46
流向西北	47.51	−3.46	−6.80
流向西南	290.25	20.96	7.78
合计	24852.28	1222.66	5.17

数据来源：中国钢铁工业协会。

上述数据表明，华东地区钢铁企业钢材主要流向本地，且对本地市场的依赖程度较上年有所上升，流向中南市场钢材占该区域市场份额 20%左右，其他地区市场份额不足 5%，表明华东地区钢铁企业钢材销售流向的特点是主要依赖本地销售。2022 年，华东地区钢铁企业同上年比，主要增加了向本地和中南地区的钢材销售量（本地增加 906.66 万吨、中南地区增加 159.91 万吨），并均提高了市场份额，表明华东地区钢铁企业对新市场环境的适应性持续增强，积极采取的各类应对措施更加有效，进一步加强了对本地的市场话语权。

（四）中南地区钢铁企业钢材销售流向情况

2022 年，中南地区会员钢铁企业销售流向本地钢材量 8673.08 万吨，占中南区域市场份额 59.71%，与 2021 年名义比较下降了 0.61 个百分点；销售流向华北地区钢材量 341.21 万吨，占华北区域市场份额 2.35%，上升了 0.10 个百分点；销售流向东北地区钢材量 40.28 万吨，占东北区域市场份额 1.24%，上升了 0.07 个百分点；销售流向华东地区钢材量 2209.39 万吨，占华东区域市场份额 6.78%，上升了 0.32 个百分点；销售流向西北地区钢材量 128.73 万吨，占西北区域市场份额 4.02%，下降了 0.14 个百分点；销售流向西南地区钢材量 467.10 万吨，占西南区域市场份额 7.69%，下降了 0.67 个百分点（图 10-12 和表 10-4）。

上述数据表明，中南地区钢铁企业钢材销售流向的特点主要以本地市场为主，并配以华东地区为第二大销售流向地区，流向其他地区钢材量均不超过 500 万吨，市场份额不超过 8%。2022 年，中南钢铁企业销往本地钢材量较上年下降 3.22%，导致市场份额有所下降，但通过开拓华东区域市场，增长 178.62 万吨，缓解了本地市场需求下降带来的影响。

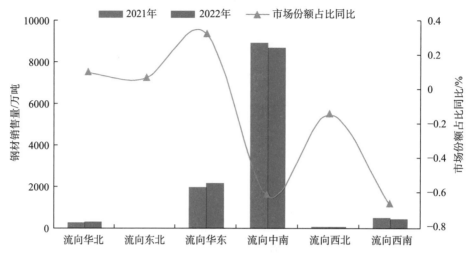

图 10-12　中南地区钢铁企业钢材销售流向情况

数据来源：中国钢铁工业协会

表 10-4　中南地区钢铁企业钢材销售流向情况　　　　万吨

地区	钢材销售量	同比增减量	同比涨跌幅/%
流向华北	341.21	28.59	9.15
流向东北	40.28	−0.17	−0.41
流向华东	2209.39	178.62	8.80
流向中南	8673.08	−288.20	−3.22
流向西北	128.73	−3.42	−2.59
流向西南	467.10	−71.75	−13.32
合计	11859.79	−156.32	−1.30

数据来源：中国钢铁工业协会。

（五）西北地区钢铁企业钢材销售流向情况

　　2022 年，西北地区会员钢铁企业销售流向本地钢材量 2279.97 万吨，占西北区域市场份额 71.17%，与 2021 年名义比较下降了 0.74 个百分点；销售流向华北地区钢材量 31.03 万吨，占华北区域市场份额 0.21%，下降了 0.03 个百分点；销售流向东北地区钢材量 1.73 万吨，占东北区域市场份额 0.05%，下降了 0.02 个百分点；销售流向华东地区钢材量 94.15 万吨，占华东区域市场份额 0.29%，下降了 0.05 个百分点；销售流向中南地区钢材量 219.40 万吨，占中南区域市场份额 1.51%，下降了 0.16 个百分点；销售流向西南地区钢材量 510.91 万吨，占西南区域市场份额 8.41%，下降了 1.92 个百分点（图 10-13 和表 10-5）。

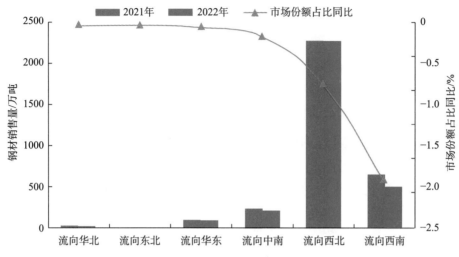

图 10-13　西北地区钢铁企业钢材销售流向情况

数据来源：中国钢铁工业协会

表 10-5　西北地区钢铁企业钢材销售流向情况　　　　万吨

地区	钢材销售量	同比增减量	同比涨跌幅/%
流向华北	31.03	−3.16	−9.25
流向东北	1.73	−0.91	−34.42
流向华东	94.15	−13.89	−12.86
流向中南	219.40	−28.64	−11.55
流向西北	2279.97	−5.51	−0.24
流向西南	510.91	−155.42	−23.32
合计	3137.19	−207.54	−6.20

数据来源：中国钢铁工业协会。

上述数据表明，西北地区钢铁企业钢材销售流向的特点与中南地区类似，以本地区销售为主的策略，并配以西南地区为第二大销售流向地区，其他地区市场份额和规模均较小。2022 年，西北钢铁企业销售流向六大地区钢材量均同比下降，市场份额均有所下降，表明西北钢铁企业受市场需求影响较大，生产经营面临较多困难和挑战。

（六）西南地区钢铁企业钢材销售流向情况

2022 年，西南地区会员钢铁企业销售流向本地钢材量 4227.25 万吨，占西南区域市场份额 69.58%，与 2021 年名义比较上升了 3.42 个百分点；销售流向华北地区钢材量 16.46 万吨，占华北区域市场份额 0.11%，与 2021 年名义比较下降了 0.02 个百分点；销售流向东北地区钢材量 1.85 万吨，占东北区域市场份额 0.06%，上升了 0.01 个百分点；销售流向华东地区钢材量 167.34 万吨，占华东区域市场份额 0.51%，上升了 0.29 个百分点；销售流向中南地区钢材量 199.50 万吨，占中南区域市场份额 1.37%，上升了 0.43 个百分点；销售流向西北地区钢材量 19.72 万吨，占西北区域市场份额 0.62%，下降了 0.03 个百分点（图 10-14 和表 10-6）。

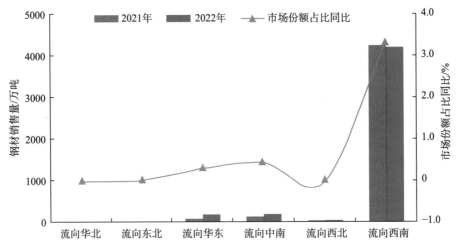

图 10-14　西南地区钢铁企业钢材销售流向情况

数据来源：中国钢铁工业协会

表 10-6　西南地区钢铁企业钢材销售流向情况　　　　　　万吨

地区	钢材销售量	同比增减量	同比涨跌幅/%
流向华北	16.46	−1.55	−8.60
流向东北	1.85	0.08	4.56
流向华东	167.34	97.91	141.02
流向中南	199.50	58.96	41.95
流向西北	19.72	−0.91	−4.40

续表 10-6

地区	钢材销售量	同比增减量	同比涨跌幅/%
流向西南	4227.25	−39.06	−0.92
合计	4632.11	115.42	2.56

数据来源：中国钢铁工业协会。

上述数据表明，西南地区钢铁企业钢材销售流向的特点与华东地区类似，均依赖本地市场，绝大部分在本地得到消化，其他地区市场份额和规模均较小。2022 年，西南地区钢铁企业在本地钢材销售量较上年下降 39.06 万吨，但市场份额提高了 3.42 个百分点，说明西南区域市场需求整体下降。但西南钢铁企业加强了向华东、中南两地销售的力度，销往华东和中南地区的钢材量分别增长 97.91 万吨、58.96 万吨，即西南钢铁企业通过开拓华东、中南两地市场，缓解了本地市场需求下降带来的影响。

（本章撰写人：焦响，中国钢铁工业协会）

第11章
2022年钢铁工业固定资产投资情况分析

钢铁工业涵盖黑色金属矿采选业（简称"黑色采选业"）、黑色金属冶炼和压延加工业（简称"黑色金属业"）。国家统计局发布的黑色金属矿采选业固定资产投资（不含农户）比上年增长（简称"黑色采选业投资增速"）、黑色金属冶炼和压延加工业固定资产投资（不含农户）比上年增长（简称"黑色金属业投资增速"）都是基于同口径比较，同口径增速反映的是本年度参与固定资产投资统计的企业本年投资与上年同期投资之间的增减情况。从2018年2月起，国家统计局仅发布各大类工业行业固定资产投资累计同比增长，不再发布各大类工业行业固定资产投资的具体数值。本章将重点分析黑色采选业投资增速、黑色金属业投资增速的变化情况，并对相关影响因素进行探究。

一、黑色采选业投资增速及相关影响因素分析

黑色金属矿采选活动是指对铁矿石、锰矿、铬矿等钢铁工业黑色金属原料矿的采矿、选矿活动，其主体活动是铁矿采选，因此黑色采选业投资的主体是铁矿采选业。

（一）2022年黑色采选业投资增速再创新高

2022年黑色采选业投资增速为33.3%，较上年提高6.4个百分点，创近五年新高。2022年全国固定资产投资增速为5.1%，黑色采选业投资增速高出全国平均值28.2个百分点。

2022 年全国民间固定资产投资增速为 0.9%，较全国投资平均增速低 4.2 个百分点，全国投资增速明显快于全国民间投资增速。2022 年黑色采选业民间投资增速为 27.9%，较上年提高 6.0 个百分点，同样创近五年新高。黑色采选业民间投资增速虽然高出全国民间投资增速 27.0 个百分点，但依然低于黑色采选业投资增速。

对近五年黑色采选业投资增速、黑色采选业民间投资增速对比（图 11-1）可知，2018-2019 年黑色采选业民间投资增速始终高于黑色采选业投资增速，但 2020-2022 年黑色采选业民间投资增速均低于黑色采选业投资增速，表明近三年民间资本投资黑色采选业的活力相对 2018-2019 年出现下降。因此，提高国内铁矿石资源对钢铁工业的保障力度，需要切实提升民间资本对黑色采选业的投资热情。

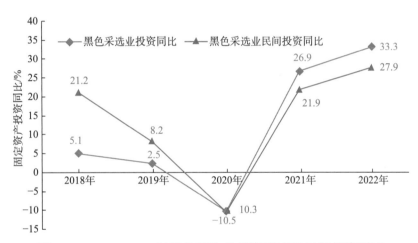

图 11-1　2018-2022 年黑色采选业投资增速及民间投资增速

数据来源：国家统计局

（二）对 2022 年黑色采选业投资额的评估

假定 2017-2022 年黑色采选业投资额的统计口径保持一致，以 2017 年投资额为基数"1"，根据各年黑色采选业投资增速，可推算出 2018-2022 年各年黑色采选业投资额与 2017 年的比值（图 11-2）。

从投资额比值角度看，2018-2020 年黑色采选业投资额与 2017 年的比值基本保持在 1 倍左右。国家统计局发布的 2017 年黑色采选业投资额为 751 亿元，据此判断在此期间投资规模基本保持在 700 亿-800 亿元范围内，维持在一个相对较低的水平。

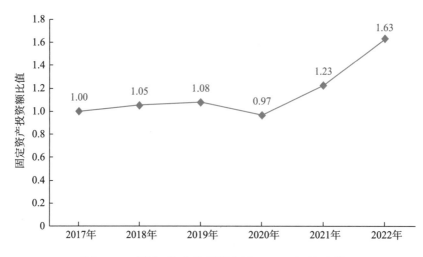

图 11-2　黑色采选业投资额与 2017 年的比值

数据来源：国家统计局及估算

2021-2022 年黑色采选业投资额出现明显增长，与 2017 年的比值分别达到 1.23、1.63，据此判断 2021 年和 2022 年黑色采选业投资额分别达到 900 亿元、1200 亿元以上。虽然 2022 年黑色采选业投资额增长显著，但与 2014 年的峰值水平 1661 亿元相比依然存在较大差距，相差约 400 亿元。

提高铁矿石投资规模，是加强我国铁矿石资源保障力度、增加国内铁矿石资源供应的基本前提。因此，促进黑色采选业投资力度，不仅要看黑色采选业投资增速高低，还要评估投资额规模高低。未来我国黑色采选业投资额规模要达到 2014 年水平，需要国家在财税、金融等政策方面充分发挥激励作用，并且减少不必要的行政干预，提升国有及民间资本的投资积极性。

（三）关于黑色采选业投资增速的相关性分析

1. 黑色采选业投资增速与国产铁矿石原矿产量增速的相关性分析

对 2018-2022 年黑色采选业投资增速与国产铁矿石原矿产量增速进行对比（图 11-3）可知，黑色采选业投资高增速并没有带来国产铁矿石原矿产量的高增速，两者相关性较低。一方面是因为投资和产出具有滞后性；另一方面是因为伴随着铁矿石原矿产能及产量规模的增长，铁矿石产能所要求的改建和技术改造投资规模也会增长，从而制约矿山新增产能投资的增长。

我国现有铁矿石原矿产能保持在 10 亿吨以上，近几年更多的黑色采选业企业通过技术改造，用先进技术代替落后技术，用先进工艺和装备代替落后工艺和装备，达到提高产品质量、节约能源、降低消耗、全面提高社会经济效益的目的。因此，近两年黑色采选业投资的高增速并没有带来铁矿石原矿产量的大幅增长，2022 年铁矿石原矿产量甚至出现小幅下降。

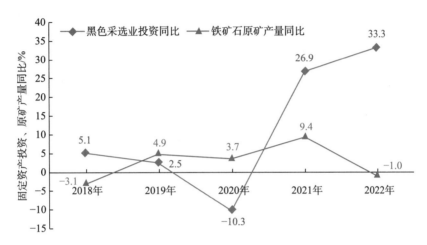

图 11-3　2018-2022 年黑色采选业投资增速与铁矿石原矿产量增速
数据来源：国家统计局

2. 黑色采选业投资增速与销售利润率的相关性分析

对 2018-2022 年黑色采选业投资增速与销售利润率进行对比（图 11-4）可知，黑色采选业销售利润率高往往带来黑色采选业投资的高增速。2021-2022 年黑色采选业销售利润率均在 10%以上，对应着该行业投资增速保持在 20%以上。

2020 年黑色采选业销售利润率回升至 9.6%，但该年受新冠疫情和铁矿石进口量创新高等因素冲击，黑色采选业投资同比下降 10.3%；2021 年黑色采选业销售利润率进一步提升至 13.3%，较上年大幅提高 3.7 个百分点，且创 2011 年以来新高，对应着 2021 年黑色采选业投资增速高达 26.9%，也创 2011 年以来新高；2022 年黑色采选业销售利润率虽然相比上年略有下降，但仍处于 12.1%的高位，带动黑色采选业投资增速达到 33.3%的新高。

上述数据表明，黑色采选业销售利润率保持较高水平时，国内黑色采选业投资增速也会比较高；当黑色采选业销售利润率处于较低水平时，国内黑色采选业投资增速会出现回落甚至负增长。黑色采选业投资增速与销售利润率的正相关性揭示出2022年黑色采选业较高的行业利润率刺激了该行业投资的大幅增长。

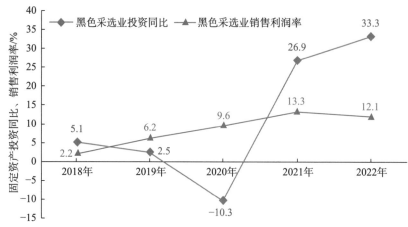

图 11-4　2018-2022 年黑色采选业投资增速与销售利润率

数据来源：国家统计局及计算

3. 黑色采选业投资增速与铁矿石进口量增速的相关性分析

对 2018-2022 年黑色采选业投资增速与铁矿石进口量增速进行对比（图 11-5）可知，铁矿石进口量高增速抑制黑色采选业投资的增长。2020 年我国铁矿石进口量创下 11.7 亿吨的历史新高，导致该年黑色采选业投资同比下降10.3%，为近五年最大降幅；2021-2022 年铁矿石进口量连续两年出现下滑，对应着该行业投资保持高增速。

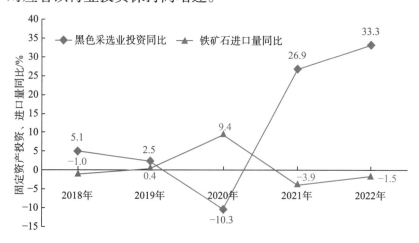

图 11-5　2018-2022 年黑色采选业投资增速与铁矿石进口量增速

数据来源：国家统计局，海关总署

二、黑色金属业投资增速及相关影响因素分析

（一）2022 年黑色金属业投资增速创新低

2022 年黑色金属业投资增速为–0.1%，较上年下降 14.7 个百分点，创近五年新低（图 11-6）。2022 年全国固定资产投资增速为 5.1%，黑色金属业投资增速低于全国平均水平 5.2 个百分点，这与此前黑色金属业投资增速明显高于全国增速形成鲜明对比，说明行业盈利明显下滑抑制了黑色金属业投资。

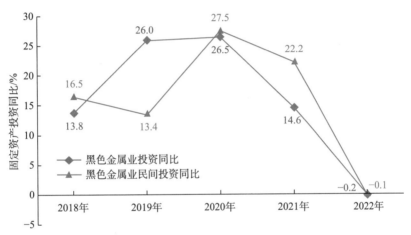

图 11-6 2018-2022 年黑色金属业投资增速及民间投资增速

数据来源：国家统计局

2018-2021 年，黑色金属业民间投资增速明显高于以往，表明在此期间钢铁行业盈利水平转好并保持在较高水平的背景下，民间资本对钢铁的投资有了较大幅度增长（图 11-7）。2022 年黑色金属业民间投资增速为–0.2%，较上年下降 22.4 个百分点，同样创近五年新低。黑色金属业民间投资增速降幅明显高于黑色金属业投资增速降幅，说明民间资本对于行业盈利环境变化快速做出反应。

（二）对 2022 年黑色金属业投资额的评估

2018 年，国家统计局将黑色金属铸造业归入金属制品业，即从 2018 年起黑色金属铸造业不再是黑色金属业的子行业，因此 2017 年黑色金属业投资的企业统计范围要大于此后年度。鉴于在数据可获得性方面存在实际困难，本文忽略了 2017 年与其他年度在统计口径方面的差异性。

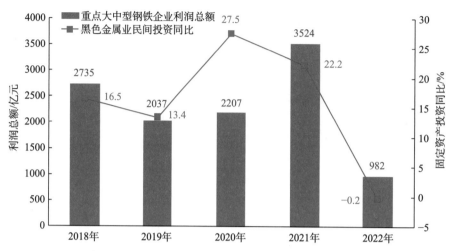

图 11-7   2018-2022 年黑色金属业民间投资增速及重点大中型钢企利润总额

数据来源：国家统计局，中国钢铁工业协会

假定 2017-2022 年黑色金属业投资的统计口径保持一致，以 2017 年投资额为基数"1"，根据各年黑色金属业投资增速，可推算出 2018-2022 年各年黑色金属业投资额与 2017 年的比值（图 11-8）。

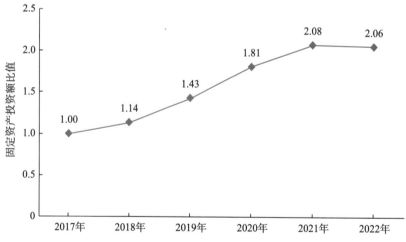

图 11-8   2018-2022 年黑色金属业投资额与 2017 年的比值

数据来源：国家统计局及估算

从投资额比值角度看，2018-2021 年，黑色金属业投资增速连续四年超过 10%，连续两年超过 20%，这是黑色金属业在以往年度中从未出现过的投资现象。依据统计数据测算出 2021 年投资额是 2017 年 2.08 倍，即历经四年时间，黑色金属业投资规模增长了1倍，表明这四年黑色金属业投资非常活跃。2022年黑色金属业投资额基本与上年持平，与2017年的比值保持在2倍以上。国家统计局发布的2017年黑色金属业投资额为3804亿元，据此判断2022年投资规模接近8000亿元，保持在一个历史相对较高的水平。

（三）黑色金属业投资增速与铁钢材产量增速的相关性分析

通过对比近五年黑色金属业投资增速与铁钢材产量增速（图11-9）可以发现，黑色金属业投资增速明显高于生铁、粗钢、钢材产量增速，说明在国家严控钢铁新增产能、严格执行新建产能减量置换的大背景下，特别是近几年钢铁行业面临着较为严峻的环保限产形势，黑色金属业投资的高增长并不意味着钢铁产能的净增长，很多钢铁企业将更多的投资资金集中用于主体装备和产线更新换代、超低排放改造等方面，使现有钢铁产能得到优化与升级，并实现绿色低碳发展。

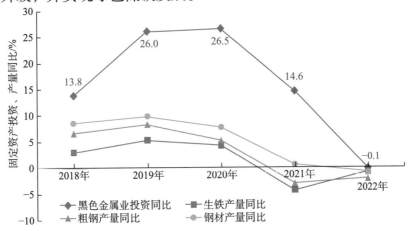

图11-9 2018-2022年黑色金属业投资增速与铁钢材产量增速
数据来源：国家统计局

2019-2022年，我国生铁产量保持在8亿吨以上、粗钢产量基本保持在10亿吨以上、钢材产量保持在12亿吨以上，如此高的产量规模对应着"改建和技术改造"方面的投资规模亦较高，为提高生产效率、提高产品价值所进行的机器设备和工具的更新改造、冶炼及轧钢生产工艺技术改造、智能工厂改造等；国家加强环保倒逼钢铁企业进行节约降耗、"三废"治理、超低排放改造等。

（本章撰写人：赵磊，冶金工业经济发展研究中心）

第12章

2022年钢铁工业产业布局和产能置换情况

近年来，钢铁工业持续推进产业结构调整，以产能置换促进装备技术水平升级，以跨省产能转移促进产业布局优化，以兼并重组促进产业集中度提升，以工艺流程改造促进绿色低碳发展，以推进"基石计划"夯实资源保障能力，全行业发展质量和发展水平不断提高。过去一年，钢铁工业继续苦练内功，诸多工作取得新的进展，同时也展现出一些新的动向。本章从钢铁工业产业布局和产能置换的视角，回顾了2022年钢铁工业的发展状况，并提出了有关建议。

一、我国钢铁工业产业布局现状

（一）钢铁企业布局

2022年12月，工业和信息化部公告了第六批符合《钢铁行业规范条件》的企业名单，新增规范钢铁企业50家，同时撤销了19家企业的规范资格。经梳理，前六批符合《钢铁行业规范条件》的钢铁企业合计289家，分布在28个省（自治区、直辖市），其中，华东、华北地区分别有92家和88家上榜，企业数量分别占全国的32%和30%；河北、江苏分别是规范钢铁企业最多的省份，各有54家、28家企业上榜。前六批规范钢铁企业分布情况如图12-1所示。

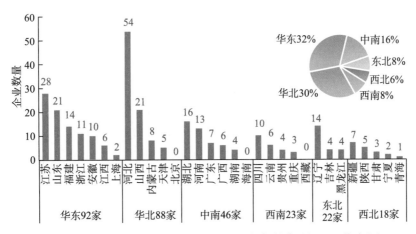

图 12-1　前六批符合《钢铁行业规范条件》的企业分布图

（二）生产消费布局

2022 年，我国累计生产粗钢 10.18 亿吨，出口钢材 6732 万吨，出口钢坯 102.7 万吨，进口钢材 1057 万吨，进口钢坯 637.5 万吨，折合粗钢表观消费量为 9.66 亿吨，折合粗钢净出口量约占粗钢总产量的 5%，国内钢铁生产和消费总体匹配，钢铁产品以满足内需为主。分地区看，华东、华北、中南等东南部地区是我国主要的钢材消费市场，总消费量占国内的 80% 以上。与此同时，华北、华东作为国内主要产钢地区，分别是全国最大的钢材净流出地区和最大的钢材净流入地区。各地区的钢材生产和消费结构如图 12-2 所示。

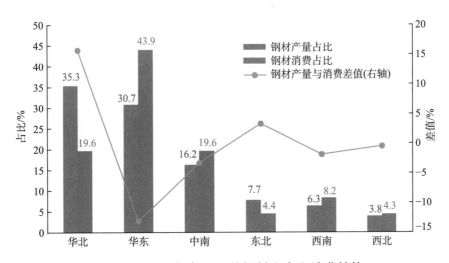

图 12-2　2022 年各地区的钢材生产和消费结构

（三）电炉产能布局

据钢协调研数据，我国目前已建成电炉炼钢产能1.9亿吨，其中短流程电炉占70%左右。我国电炉炼钢产能主要分布在华东、中南地区，占比分别为34%和33%。受废钢资源偏紧和电炉制造成本偏高两大主要因素制约，我国电炉的开工率和产能利用率明显低于高炉-转炉长流程，电炉钢产量并没有出现明显提高，2022年我国电炉钢产量约1亿吨，占全国粗钢产量的9.7%，长期处于10%左右的水平（图12-3）。

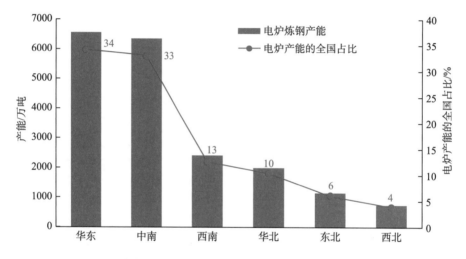

图12-3 我国电炉炼钢产能分布情况

（四）铁矿资源布局

我国钢铁行业以高炉-转炉长流程为主，铁矿资源布局与钢铁生产布局高度相关，40%以上的铁矿石产量集中在华北地区，河北省以4亿吨的铁矿石原矿产量位列第一。进口铁矿石方面，华东地区凭借铁矿石港口优势，占据了56%的铁矿石进口量。值得注意的是，自从钢铁行业"基石计划"启动以来，国内铁矿项目开发取得了明显进展，10个省份积极参与并支持推动国内铁矿石项目开发，国内最大的单体地下铁矿山——鞍钢西鞍山铁矿项目于2022年11月份正式开工，成为国内铁矿资源开发的标志性进展（图12-4）。

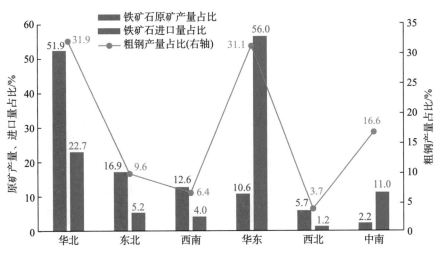

图 12-4 2022 年我国铁矿石生产、进口、消费分布图

（五）国有资本布局

目前，我国共有 20 个大中型国有钢铁企业集团，生产基地分布在 26 个省（自治区、直辖市）。据钢协统计数据计算，2022 年我国国有钢铁企业产量 4.4 亿吨，占全国总产量的 43% 左右，民营企业占 57%。近三年我国国有企业和民营企业粗钢产量结构如图 12-5 所示。近年来，民营企业和国有企业共同发力，在压减产量、联合重组、环保技改、装备升级等方面均取得了显著的进展，为钢铁行业高质量发展奠定了良好基础。

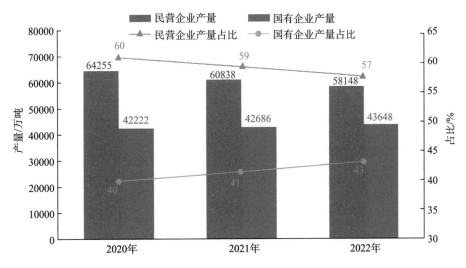

图 12-5 2020-2022 年国有企业和民营企业粗钢产量结构

二、我国钢铁工业产能置换情况

（一）钢铁产能置换总体情况

根据各地公示公告的钢铁产能置换项目信息，截至 2022 年 12 月底，各地计划新建炼钢产能 3.95 亿吨、炼铁产能 3.51 亿吨，相应退出炼钢产能 4.34 亿吨、炼铁产能 3.93 亿吨。累计涉及钢铁产能置换项目 256 个（分期实施项目视为多个项目），其中原地技改项目 149 个、省内搬迁项目 29 个、产能整合技改项目（省内）49 个、跨省产能转移项目 29 个。截至 2022 年 12 月底，以上项目中，1.86 亿吨炼钢产能、1.68 亿吨炼铁产能已建成，炼钢产能 0.99 亿吨、0.86 亿吨炼铁产能已开工、正在建设，1.08 亿吨炼钢产能、0.96 亿吨炼铁产能尚未开工。

（二）钢铁产能置换项目分布情况

截至 2022 年 12 月底，全国共有 25 个省份公告了钢铁产能置换项目，河北、广西、山东计划建设的钢铁产能规模位列前三，分别计划建设炼钢产能 1.02 亿吨、0.46 亿吨、0.36 亿吨，建设炼铁产能 1.02 亿吨、0.40 亿吨、0.33 亿吨。分地区看，华北、华东地区建设总产能超过全国的 60%，分别计划建设炼钢产能 1.44 亿吨、1.07 亿吨，炼铁产能 1.36 亿吨、0.98 亿吨。各地公示公告的钢铁产能置换项目分布情况如图 12-6 所示。

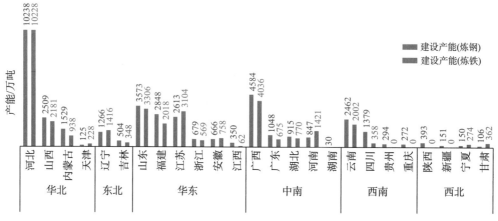

图 12-6 各地公示公告的钢铁产能置换项目分布情况

（三）钢铁产能跨省转移情况

截至 2022 年 12 月底，共有 50 个钢铁产能置换项目涉及钢铁产能跨省转移，合计 3700 万吨炼铁产能、4300 万吨炼钢产能。其中，河北、上海、天津为主要的产能出让地，分别出让炼钢产能 1904 万吨、683 万吨、515 万吨，福建、广东、广西为主要的产能受让地，分别受让炼钢产能 1142 万吨、1018 万吨、988 万吨。在产业政策的引导下，"北钢南移"的趋势逐渐形成。各地区炼钢产能跨省出让和受让情况如图 12-7 和图 12-8 所示。

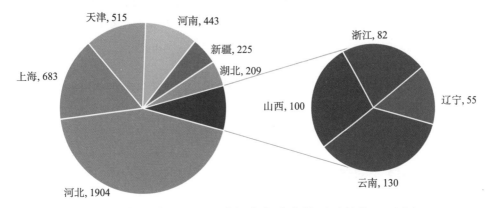

图 12-7 各地跨省出让的炼钢产能分布情况（单位：万吨）

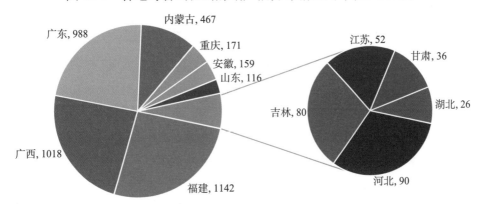

图 12-8 各地跨省受让的炼钢产能分布情况（单位：万吨）

（四）电炉炼钢产能置换情况

近年来，受产业政策导向和行业低碳转型需要，我国电炉炼钢发展势头较快。根据各地公告的产能置换项目信息，用于置换退出的炼钢产能中 17% 为电炉产能、合计 7500 万吨左右；计划新建的炼钢产能中 27% 为电炉产能，合计 1.1 亿吨左右，净增电炉炼钢产能 3500 万吨左右，目前已有 5400 万吨建成投产。2016-2022 年期间各地公告计划建设的电炉产能置换项目分布情况如图 12-9 所示。

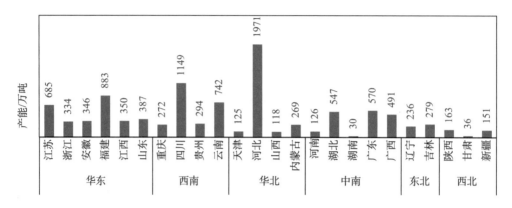

图 12-9　2016-2022 年期间各地公告计划建设的电炉产能置换项目分布情况

三、我国钢铁工业产业布局的新动向

（一）钢铁企业联合重组工作取得新进展

近几年，我国钢铁行业在推进联合重组方面卓有成效，产业集中度稳步提升。2022 年 1 月 19 日，中信泰富特钢发布公告，成功竞得上海电气集团钢管有限公司 40%股权，全面负责天津钢管制造有限公司生产经营管理。2022 年 11 月 9 日，国务院国资委正式批复同意宝武与新余钢铁实施联合重组，约提升 CR10 产业集中度 1 个百分点。2022 年，中国宝武产能规模进一步扩大，粗钢产量达到 1.3 亿吨。据统计，2022 年国内钢产量排名前 10 位的企业合计产量为 4.3 亿吨，占全国钢产量的 43%；排名前 20 位的钢铁企业合计粗钢产量 5.7 亿吨，占全国钢产量的 56%。

（二）沿海钢铁布局已进入存量优化阶段

自从国家发展改革委发布《关于钢铁冶炼项目备案管理的意见》（发改产业〔2021〕594 号）文件以来，沿海地区（指拥有海岸线的设区市）建设钢铁产能项目的规模不低于 2000 万吨/年，意味着新建沿海钢铁项目的门槛进一步提高，我国已建成和在建的沿海钢铁基地已经进入了存量优化阶段。根据各地在建和拟建的钢铁产能项目信息，河北（唐山）、山东（日照）、江苏（南通）、福建（罗源、长乐）、广东（湛江）、广西（防城港）等沿海地区钢铁基地已基本布局完成，正在加快推进存量项目建设，主要集中在 2024 年底前建成。据初步梳理，以海岸线 100 公里以内的区域作为沿海地区粗略测算，我国已建成沿海钢铁企业 111 家，涉及炼铁产能 3.2 亿吨、炼钢产能 3.8 亿吨。

（三）钢铁产能过剩的风险依然存在

2021 年以来，我国连续两年推进粗钢产量调控工作，2020 年、2021 年、2022 年全国粗钢产量分别为 10.65 亿吨、10.35 亿吨、10.18 亿吨。按 2021 年 4 月日产 326 万吨计算，我国粗钢年产量可达 11.9 亿吨；按各省单月最高产量计算，我国粗钢年产量可达 12.5 亿吨，供给能力远超过实际需求。我国钢铁需求总量已经进入了逐步回落的下行通道，这一观点逐渐得到全行业共识。从各地公告的产能置换项目来看，新的钢铁产能置换办法实施以来，2021 年下半年、2022 年上半年、2022 年下半年，全国平均公告的产能置换项目数分别为 7 个、6 个、2 个，钢铁企业新建钢铁产能的热情逐步消退，钢铁企业逐渐认识到了我国钢铁市场已经进入了存量优化、提质增效阶段，继续追求规模扩张的发展思路并不可取。

（四）钢铁企业正在加快推进绿色低碳转型

绿色低碳已经成为当前钢铁行业发展的主旋律和主题词，钢铁企业正在主动探索新工艺、新装备、新技术推进绿色低碳转型。一方面，部分高炉-转炉长流程转型发展电炉短流程，建设了一批新型高效电炉生产线，生产效率明显提高，能源资源消耗明显降低。另一方面，一些企业在非高炉炼铁、氢能冶金方面做了一些探索和实践。据各地公告的钢铁产能置换项目信息，辽宁、河北、广东、广西等地钢铁企业正在启动 HIsmelt 熔融还原炉、氢能还原竖炉项目建设，共涉及炼铁产能 437 万吨。

四、以结构调整促进我国钢铁产业高质量发展的建议

（一）研究推进钢铁产能治理新机制

2021 年以来，我国连续两年推进粗钢产量调控工作，2021 年、2022 年全国粗钢产量分别同比下降 3000 万吨、1700 万吨左右。这一方面是国家政策导向，其本质还是下游需求回落带来的产量下降，钢铁行业面临的需求收缩、供给冲击、预期转弱三重压力仍然较大。钢铁企业对未来市场形势的判断虽有预期，但难言乐观，纷纷呼吁压减粗钢产量、加强行业自律。目前来看，实施有计划的粗钢产量调控是当前维护市场供需平衡的重要手

段，是推动钢铁行业治理体系和治理能力现代化的过渡性方案。长期来看，钢铁行业有必要建立产能治理新机制，以充分的产能来满足有限的需求，基于合规产能加上必要的鼓励和限制政策，导向供需平衡，导向优胜劣汰。

（二）继续推进"基石计划"落地

提升资源保障能力是优化钢铁产业布局的重要手段，也是提升产业基础能力和产业链现代化水平的必要条件。2022 年以来，国家和地方有关方面积极推进"基石计划"国内铁矿资源开发工作，取得了阶段性成绩，已有西鞍山铁矿等 6 个项目开工建设，另有 10 余个项目力争完成审批并开工建设。下一步，钢铁行业要继续兼顾当前和长远，继续推进"基石计划"国内铁矿资源开发工作取得新的更大进展。同时，抓好海外铁矿资源投资开发和国内废钢资源回收加工两个要素，全面推进"基石计划"落地开花结果。

（三）推进电炉短流程炼钢发展

随着下游用户对钢材产品全生命周期绿色低碳日益增长的需求，中国钢铁长短流程的工艺结构势必将发生较大转变，发展电炉短流程炼钢不仅是实现"双碳"目标的重要途径，也是钢铁行业转型升级、实现低碳绿色发展的必然趋势和内在要求。发展电炉短流程炼钢的关键在于有序推进、稳中求进，切勿大干快上，要坚持"有序"和"发展"相结合，坚持"存量"和"增量"相协调，坚持"经济性"和"前瞻性"相统一，以市场化、法治化的手段以及适度的产业政策引导，逐步提升电炉短流程炼钢的市场竞争力和资源保障能力，引导电炉短流程炼钢高质量发展。

（四）持续推进钢铁行业联合重组

对于钢铁行业联合重组工作，政府和企业的态度是一致的，都认为联合重组是钢铁行业转型升级和高质量发展的一剂良方，应持续推进，通过联合重组提升整体竞争力，鼓励先进产能有效发挥、引导低效产能稳妥推出。在实施层面上，联合重组的关键是以中央印发的构建全国统一大市场的文件精神为指导，破除体制机制障碍，打通要素流动渠道，允许产能、产量、能耗等要素跨地区自由流动，允许企业在集团范围内统筹调配各生产基地生产指标，这是钢铁企业的共同期待。

（五）推进钢铁应用拓展计划

2015 年以来，我国螺纹钢产量占钢材产量的比重经历了一段波动上涨和快速下滑的过程，由 2019 年最高比例 20.7%下降至 2022 年的 17.7%。这预示着我国钢材消费结构正在悄然变化，钢铁行业不仅要面对需求总量的下降，也要面对需求结构的调整，提前作出部署拓展钢铁材料应用空间。为此，钢协成立了钢铁材料应用推广中心，进一步推动钢铁材料应用推广，并将着力点放在推广装配式钢结构住宅用钢。下一步，钢铁行业有必要做好基础工作，聚焦钢结构住宅建筑，进一步完善标准体系，强化上下游行业协调发展，稳步提升钢结构建筑住宅用钢量，以装配式建筑的发展促进钢铁材料的应用拓展和全产业链的低碳绿色发展。

（本章撰写人：余璐，王滨，侯跃丹，何文艺，中国钢铁工业协会）

第13章
2022年钢铁行业超低排放与极致能效工程情况

"超低排放工程"与"极致能效工程"是钢铁行业三大工程之二。2022年，钢协落实国家相关政策文件精神与要求，稳妥有序推进钢铁企业超低排放改造和能效改善技术升级。超低排放方面，钢协共接受51家钢铁企业的公示申请，公示35家企业，其中17家钢铁企业完成了全工序超低排放，涉及粗钢产能6785万吨。极致能效方面，钢协发布《钢铁行业能效标杆三年行动方案》并组织"双碳最佳实践能效标杆示范厂"培育工作，21家单位、超1.8亿吨产能参与，"三清单两标准一数据系统"的工作主线不仅得到了国家相关部委的肯定，更是得到了21家培育企业的大力支持。钢铁超低排放与钢铁极致能效两大工程工作，体现了行业协会以党的路线、方针、政策为指导，坚持依靠会员办协会，坚持为会员服务、为行业服务，反映会员、行业诉求，努力发挥在政府和会员之间的桥梁、纽带作用，致力于以中国钢铁行业的健康发展和持续繁荣为目标，促进中国钢铁工业高质量发展，建设钢铁强国。

一、钢铁行业超低排放改造情况

（一）超低排放改造相关政策及要求

2022年1月，全国生态环境保护工作会议指出，2022年，要高质量实施超低排放改造，基本完成重点区域钢铁超低排放改造工作任务。

2022年1月，工业和信息化部等三部委发布的《关于促进钢铁工业高质量发展的指导意见》要求，力争到2025年，80%以上钢铁产能完成超低排放改造；达不到超低排放要求、竞争力弱的城市钢厂，应立足于就地压减退出。

2022 年 4 月，针对生态环境部在环保督察等工作中发现个别已公示钢铁企业出现较严重的环保超标、造假等问题，钢协研究发布了《关于钢铁企业超低排放改造和评估监测公示终止申报或撤销公示的相关规定（试行）》，对在公示评审期间或在公示后的企业违反《关于推进实施钢铁行业超低排放的意见》（环大气〔2019〕35 号）、《关于做好钢铁企业超低排放评估监测工作的通知》（环大气〔2019〕922 号）要求，不能稳定达到超低排放的企业，提出了撤销、动态调整及恢复等相关规定，进一步完善了公示评审管理制度，彰显了超低排放公示工作的示范性、规范性和严肃性。

2022 年 7 月，为加强公示审核专家队伍建设，加快公示形式审查工作节奏，提高专家审核水平，在生态环境部大气司的指导下，钢协组织编制了《钢铁企业超低排放改造和评估监测进展公示审核专家库管理办法（试行）》，增补遴选了 29 个单位 101 名专家，提高了公示审核工作的效率和质量。

2022 年 10 月，就部分企业存在评估监测报告格式不规范、内容顺序和形式差异较大等实际问题，钢铁协会组织起草并经多方、多次会议研究讨论，发布了《钢铁行业超低排放改造评估监测报告》模板（有组织、无组织、清洁运输以及总报告），同时召开多次会议进行宣贯解读，评估监测报告质量明显提高。

（二）超低排放改造和评估监测进展公示情况

随着钢铁企业超低排放改造持续推进，钢铁企业焦炉、烧结等烟气脱硫脱硝除尘成为标配；料厂、料堆、料仓及物料转运等颗粒物逸散点普遍得到密闭密封；清洁运输改造和铁路专用线建设加速，大气污染防治重点区域轧钢用的煤气发生炉普遍被天然气替代，焦炉和高炉煤气精脱硫等新技术研发持续加速，钢铁企业环保意识和环境管理水平大幅提升，面貌大为改观。

2022 年，钢协共接受 51 家钢铁企业的公示申请，协会节能环保工作委员会组织专家对公示申请材料进行形式审查和材料内容审核共 485 人（次），由协会节能环保工作委员会会同山东省、山西省、河北省、天津市、江苏省五个地方钢铁行业协会共同完成 60 家公示前企业的现场调研复核共计

195 人（次）。

2022 年，公示 35 家企业，其中 17 家钢铁企业完成了全工序超低排放公示，涉及粗钢产能 6785 万吨；18 家钢铁企业完成部分工序超低排放公示，涉及产能 8626 万吨。

截至 2022 年底，共有 66 家钢铁企业（包括一家球团企业）完成了超低排放改造和评估监测，其中，40 家钢铁企业完成了全工序超低排放改造，涉及粗钢产能 2.0 亿吨左右；26 家钢铁企业完成部分工序超低排放改造公示，涉及粗钢产能约为 1.6 亿吨。

（三）工作措施和建议

1. 持续提高、规范超低排放改造技术工程质量水平和评估监测机构的评估能力

在超低排放公示材料审核和推进超低排放改造过程中，绝大部分钢铁企业能严格按照要求与受委托的第三方评估机构一起，如实、全面、规范地完成相关申报材料。但也存在一些企业超低排放改造不彻底、评估监测报告编制质量不高、报告内容存在基础数据不全面、佐证材料不充分等问题，造成多次申报和异常的反复修改，影响公示工作效率和进程。

为进一步规范钢铁企业超低排放改造公示工作，确保行业按期保质完成国家"十四五"时期超低排放改造任务，钢协节能环保工作委员会就进一步规范钢铁企业超低排放公示有关工作提出了意见建议，进一步明确强化企业主体责任，引导第三方机构规范开展评估监测，加强公示管理、建立实施评估监测记分机制等工作机制和可核查、可回溯的监控体系。

2. 加强企业调研与服务，不断完善超低排放公示工作

超低排放改造不仅仅是末端治理设施的改造提升，而且是一项系统工程。实现连续稳定超低排放并不容易，需要进行钢铁生产及物流等环节的全面系统升级改造，需要企业大量的资金投入，需要先进成熟的技术研发、推广应用和完善升级。

钢协将组织专班制定工作计划，对已实施超低排放改造技术的企业开展全面评估，进一步优化减排技术，提出成熟的鼓励类好技术，通过市场化方式重点推广；提出研发类有潜力新技术，争取支持组织行业和社会力量协同研发；提出限用慎用类技术，阐明其不安全和非科学要素。最终向行业提出钢铁超低排放重点推广应用（BAT）技术清单和能力清单等，支

撑和保障高质量推进超低排放改造。

3. 坚定不移推进钢铁超低排放工程，加强减污降碳协同，反对"超超低"

2022 年调研发现，部分省份地区在目前世界最高标准的超低排放指标基础上，还在层层加码，推行"超超低"排放，对企业环保设施的稳定运行造成较大影响。调研发现河北、江苏、辽宁、山东、山西、河南、湖南和浙江 8 个省份相关标准政策中有 25 个指标要求高于严于超低排放要求，钢协形成《钢铁行业地方"超超低"政策情况调研报告》（以下简称《调研报告》）。

《调研报告》认为，一些不切实际、未经科学论证的加码，超出了合理范围，影响了企业超低排放改造的稳步推进和企业积极性，大大增加了改造投入和运行成本，有企业按实际运行测算为使达到"超超低"要求指标，运维成本将增加近十倍，甚至数十倍，能耗也将增加数十倍。由此造成的生产能耗大幅提高，不利于钢铁行业的绿色高质量发展，也不利于减污降碳的协同。

钢协建议，生态环境部在当前全面支撑经济绿色低碳复苏的大环境下，进一步加强宣传引导，表明反对"超超低"的态度和立场。进一步优化部分省份的相关政策要求，取消相关地方不切实际的"超超低"排放相关政策、规定；建议政府各部门用足用好差异化政策，对稳定达到超低排放的企业加大政策扶持力度，让真改、实改和有实效的企业获得真正的实际收益，建立公平、相对阶段性可预期的生产环境和竞争环境。把绿色发展的投资与建设，真正转化为促进中国经济高质量发展的重要支撑。

二、钢铁行业极致能效工程

（一）相关政策及要求

2021 年 12 月 28 日，国务院发布的《"十四五"节能减排综合工作方案》提出，到 2025 年，通过实施节能降碳行动，钢铁等重点行业产能达到能效标杆水平的比例超过 30%。

2022 年 1 月 20 日，工业和信息化部、国家发展改革委、生态环境部三部委联合发布《关于促进钢铁工业高质量发展的指导意见》，提出 5 个方面发展目标：一是提升创新能力是首要工作；二是产业结构优化是主要任务；

三是绿色低碳发展是关键环节；四是资源保障体系是发展基础；五是供给质量提升是产业责任。

2022 年 2 月 3 日，国家发展改革委产业司发布《关于发布〈高耗能行业重点领域节能降碳改造升级实施指南（2022 年版）〉的通知》，对钢铁行业重点工序标杆、基准指标值进行了明确，对实施指南进行发布。

2022 年 5 月 7 日，国家发展改革委产业司发布的《关于加快推动重点领域节能降碳工作的通知》提出，在重点领域包括钢铁行业内开展"两清单一方案"评估工作。

2022 年 6 月 23 日，工业和信息化部、国家发展改革委、财政部、生态环境部、国资委、市场监管总局六部门发布的《工业能效提升行动计划》提出，到 2025 年，重点工业行业能效全面提升，数据中心等重点领域能效明显提升，绿色低碳能源利用比例显著提高，节能提效工艺技术装备广泛应用，标准、服务和监管体系逐步完善，钢铁、石化化工、有色金属、建材等行业重点产品能效达到国际先进水平，规模以上工业单位增加值能耗比 2020 年下降 13.5%。能尽其用、效率至上成为市场主体和公众的共同理念和普遍要求，节能提效进一步成为绿色低碳的"第一能源"和降耗减碳的首要举措。

2022 年 7 月 7 日，国家发展改革委、工业和信息化部、生态环境部发布的《工业领域碳达峰实施方案》提出，在钢铁、石化化工等行业实施能效"领跑者"行动，力争到 2025 年，吨钢综合能耗降低 2%以上，并在产能能效标杆水平占比和吨钢综合能耗两方面都明确了钢铁行业能效提升的具体目标。

（二）年度工作进展

2022 年 9 月 26 日，钢协发布《关于征集钢铁行业重点工序节能减碳技术的通知》，并将此作为落实部委能效降碳和钢铁行业能效标杆三年行动方案的一部分重要工作。此项工作逐步发展为"技术清单""能力清单""政策清单"中重要组成部分。

2022 年 11 月，钢协发布《关于组织开展钢铁行业"双碳最佳实践能效标杆示范厂"培育工作的通知》，计划通过发挥行业优秀企业能效标杆示范厂引领作用，有序推动钢铁行业能效达到标杆水平，促进钢铁绿色高质量发展。培育工作得到了会员企业在内的全行业钢铁企业大力支持，经过汇集筛选，最终评出中国宝武宝钢股份（宝山）、湛江钢铁、太钢股份、马钢股份、新余钢铁、鞍钢集团鲅鱼圈钢铁公司、本钢板材、北营钢铁、攀钢西昌钢钒、首钢京唐、首钢迁钢、河钢乐亭、河钢石钢、沙钢集团、山钢莱芜分公司、南钢、安阳钢铁、新天钢联合特钢、宁波钢铁、石横特钢、泰山钢铁共 21 家先进企业为第一批"双碳最佳实践能效标杆示范厂"，首批参与企业钢产能总计超过 1.8 亿吨。

2022 年 12 月 9 日，钢协在湛江组织召开了"钢铁行业能效标杆三年行动方案现场启动会"，对 21 家首批能效标杆示范厂培育企业进行集中授牌，邀请行业专家开展节能技术交流并参观了湛江钢铁极致能效进展。启动会的召开，标志着极致能效工程进入了实质性实施阶段。

《钢铁行业能效标杆三年行动方案》（以下简称"《方案》"）根据《高耗能行业重点领域能效标杆水平和基准水平（2021 年版）》标准，以钢协会员单位为主要对象，发挥钢协组织引导作用，强化行业企业自律，提高钢铁企业经济质量效益和核心竞争力，探索更高水平绿色发展，通过钢铁行业"双碳最佳实践能效标杆示范厂"培育，力争实现 2023 年 0.8 亿-1.0 亿吨、2024 年 1.5 亿-2.0 亿吨、2025 年 2.0 亿-3.0 亿吨钢铁产能达到能效标杆水平。为支撑企业技术改造，《方案》还提出将通过三年的时间，向行业提交三套清单（技术清单、能力清单、政策清单），两个标准和一个数据治理系统的顶层设计方案与实施路径。

会议还发布了三套清单中的技术清单和政策清单。其中，技术清单是钢协在 9 月 26 日发文征集，得到中国宝武、鞍钢集团等会员企业和冶金工业规划研究院、中冶赛迪、冶金工业信息标准研究院等社会各界大力支持，在征集的 118 项节能降碳技术清单初稿基础上，经过多轮讨论筛选出的 50 项成熟可推广的代表性节能技术。政策清单梳理出国家部门发布的与钢铁行业极致能效工程紧密相关的 26 项政策文件。技术清单和能力清单的发布，为各企业快速找到对应契合的改造路径提供了极大帮助，得到了企业的广泛赞扬。

为了更好地指导企业能效对标工作，钢协还结合国家标准和政策制定发布了《钢铁企业重点工序能效标杆对标指南》团体标准，对工序边界进行更加明确划分，并结合铁矿石、环保等上下游影响因素对能耗计算进行了修正调整，使能耗对标和提升工作更加具有可操作性。

（三）工作措施和建议

1. 完善"技术清单、能力清单、政策清单"建设，持续推进"双碳最佳实践能效标杆示范厂"培育工作，加快"双碳最佳实践能效标杆示范厂"认定工作

钢铁行业"极致能效"工程实施以来，引起了行业内外的广泛关注，"技术清单、政策清单"支撑培育企业科学合理制定能效改善目标、更快更好开展技术升级改造，能效水平显著提升，多家企业主动申请成为第二批示范培育企业。为进一步推进钢铁企业能效有序达标杆，计划进一步完善"技术清单、政策清单"建设，并征集、评估工程公司、专业机构、科创企业、高校能效降碳技术，输出"能力清单"，组织 2023 年度"双碳最佳实践能效标杆示范厂"培育计划申报工作，制定《双碳最佳实践能效标杆示范厂》验收办法与评价方法，完成首批企业的验收工作，并开展年度经验总结与成果宣贯。

2. 推进能效相关标准制修订及宣贯实施，推进"重点工序能效对标数据填报系统"企业应用对标

由于钢铁产业结构、设备结构、产品结构、能源结构以及数据统计口径等差异性，不同企业、不同渠道填报能效数据不具有可行比，给企业持续对标、循环改善带来较大难度。加强《钢铁企业重点工序能效标杆对标指南（T/CISA 293—2022）》团体标准宣贯实施，跟踪实施过程，加快 GB 21256 与 GB 32050 合并的国家强制性标准修订。根据团标、国标，加快"重点工序能效对标数据填报系统"的开发、内测与企业应用，明确钢铁行业能耗数据采集、统计边界和方法，理清钢铁企业能效基础数据，探索数据治理新体系，在"数据治理、数据立法、数据自信"方面形成新突破。结合团体标准、能耗申报系统，引导技术、标准和系统在能效标杆培育企业落地。

3. 推进钢铁能效关键共性技术协同研发与成熟能效改善技术的快速推广应用

全流程能源效率提升是钢铁企业目前减碳的优先工作，一方面，由于钢铁企业技术保密性、钢铁企业与节能技术供应商信息的不对等、节能技术供应商之间竞争与产权纠纷问题，很多成熟节能低碳技术推进受阻；另一方面，由于共性技术的"市场失灵""组织失灵"等问题，钢铁行业共性难题如高炉渣余热回收与资源化利用、焦炉荒煤气中低温显热回收等问题仍悬而未决。应计划组织"技术清单、能力清单"企业与钢企交流会，开展高炉、转炉、焦炉、电炉、副产煤气、压缩空气、中低温余热、数字赋能等专题技术对接会，促进成熟能效降碳技术快速应用；梳理钢铁能效关键共性难题技术清单，开展专题研讨确定协同创新内容、协同研发方案，并面向社会挂榜，通过揭榜挂帅推进共性技术进步。

（本章撰写人：黄导，张永杰，贾建廷，张大鹏，

李亚娜，王学武，中国钢铁工业协会）

第14章

2022年钢铁行业科技创新情况

2022年钢铁行业在面临经济下行、需求不振带来的市场冲击的情况下，认真贯彻落实国家创新驱动发展战略，不断强化产业链协同创新能力，扎实推进绿色化和智能化，全面持续提升创新发展自立自强水平，助推行业高质量发展进入新阶段。

一、创新投入情况

与2021年相比，2022年钢铁行业整体效益大幅下降，重点统计钢铁企业利润同比下降72.27%。应对严峻发展形势，中国钢铁行业充分发挥"产业链布局相对完整、市场化程度相对较高、技术体系相对独立"的产业优势，加大创新研发投入，本节重点调研的28家钢铁企业（上市公司口径）研发经费总额较2021年增加53.2亿元。总体研发投入强度达到3.3%，较2021年上升0.51个百分点（图14-1）。

二、重点生产工序技术指标变化情况

2022年，面对需求收缩、供给冲击、预期减弱三重压力，钢铁行业坚持"三定三不要"原则，加强行业自律，同时加大关键核心工艺技术的研发和应用力度，重点工序技术指标稳步提升。

钢铁行业是工业领域的碳排放大户，面临碳达峰、碳中和压力，世界各国钢铁企业围绕节能减碳发展积极布局，开展了一系列探索，如铁前系统及冶炼工序减碳技术、短流程工艺技术、CO_2捕集与利用技术、智能化

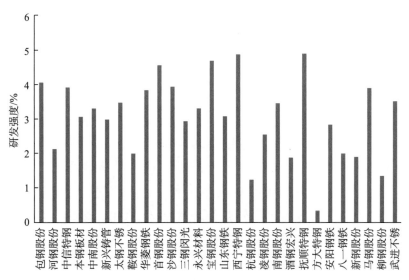

图 14-1　2022 年部分钢铁企业研发投入强度情况
数据来源：Wind，上市公司年报

技术等方面的大规模研究与开发。为进一步提升行业能效水平，钢铁行业按照"抓基础、谋突破、树标杆、搭平台、建标准、创机制、重自律、强监管"二十四字方针落实重点任务，筹划启动了钢铁行业极致能效工程，形成《钢铁行业能效标杆三年行动方案》，遴选了 50 项成熟可行的节能技术，形成并颁布了"极致能效技术清单"及"节能低碳政策清单"，开展"双碳最佳实践能效标杆厂"培育活动，宝钢股份、湛江钢铁、首钢京唐、鞍钢鲅鱼圈等 21 家先进企业申报为第一批标杆培育企业，行业节能降耗工作扎实推进。

据国家统计局公布的数据，2022 年全国生铁产量 8.64 亿吨，同比下降 0.5%。会员钢铁企业生铁产量 7.29 亿吨，同比增加 0.03%。从技术经济指标上看（表 14-1），高炉炼铁劳动生产率大幅提升，利用系数保持稳定，焦比和燃料比进一步降低，煤比、风温和休风率有所升高。

表 14-1　2022 年钢协会员企业炼铁工序主要指标

年份	利用系数 /吨铁·(立方米·天)$^{-1}$	焦比 /千克·吨铁$^{-1}$	煤比 /千克·吨铁$^{-1}$	燃料比 /千克·吨铁$^{-1}$	风温 /℃	休风率 /%	劳动生产率 /吨铁·人$^{-1}$
2021	2.66	354.45	147.43	530.53	1111.38	2.69	8167.99
2022	2.67	346.92	151.13	527.09	1149.68	2.75	8771.39

数据来源：中国钢铁工业统计月报。

2022 年，全国粗钢产量为 10.18 亿吨，比上年下降 1.7%，钢协会员企业粗钢产量 8.15 亿吨，同比下降 2.07%，其中转炉钢产量为 71800 万吨，较 2021 年减少 1.3%；电炉钢产量为 4025.9 万吨，较 2021 年减少 11.9%。

受资源能源环境约束影响，以及全生命周期理念的推行，废钢作为"城市矿产"越发受到钢铁行业的关注，钢铁企业应用废钢的积极性以及废钢的应用比例维持在较高水平，废钢在转炉炼钢工艺中得到大量使用。由于各钢铁企业在原料配置、装备能力、产品结构、技术水平和工艺路线选择上特点各异，技术经济指标存在一定差异。受转炉钢产量降低影响，从整体技术经济指标上看，2022 年转炉炼钢钢铁料消耗、废钢料消耗、氧气消耗等指标均有所减少，出钢时间略有增加，劳动生产率显著提升（表 14-2）。

表 14-2　2022 年钢协会员企业转炉炼钢工序主要技术经济指标

年份	钢铁料消耗 /千克·吨⁻¹	废钢消耗 /千克·吨⁻¹	氧气消耗 /立方米·吨⁻¹	实物劳动生产率 /吨·人⁻¹	利用系数 /吨·(吨·天)⁻¹	出钢时间 /分
2021	1063.52	159.59	51.82	5774.58	31.58	30.27
2022	1060.94	139.41	50.90	5906.16	30.43	30.80

数据来源：中国钢铁工业统计月报。

电炉钢产量显著降低，受此影响电炉炼钢金属料、钢铁料、电极消耗以及利用系数均有所升高，电炉冶炼综合电耗上升明显，劳动生产率有所下降（表 14-3）。

表 14-3　2022 年钢协会员企业电炉炼钢工序主要技术经济指标

年份	金属料消耗 /千克·吨⁻¹	钢铁料消耗 /千克·吨⁻¹	电极消耗 /千克·吨⁻¹	综合电耗 /千瓦时·吨⁻¹	实物劳动 生产率/吨·人⁻¹	利用系数 /吨·(吨·天)⁻¹	出钢 时间/分
2021	1113.42	1023.14	1.56	303.25	2885.91	25.40	0.95
2022	1110.34	1020.15	1.54	318.77	2621.39	23.94	0.93

数据来源：中国钢铁工业统计月报。

三、关键钢材品种研发和生产情况

2022 年，钢铁行业不断增加新产品开发攻关力度，履行材料供给保障使命，22 大类钢铁产品中，19 类自给率超过 100%，其他 3 类超过 99%，多个产品创新结出硕果。鞍钢 130 毫米特厚安全壳用钢板和大厚度大应变管线钢板等、首钢新能源汽车用电工钢（ESW1230 和 20SW1200H）等、宝武 1.5 吉帕超高强吉帕钢等、河钢海洋工程用超级不锈钢复合板等产品实现全球首发；兴澄特钢世界首创用 100 吨电炉冶炼工艺生产高强高韧低密度钢板；山钢突破极寒海洋腐蚀环境下高强韧 H 型钢核心技术；鞍钢本钢高强度高淬透性热轧抗氧化免涂层热成形钢世界首发并获评全球新能源汽车前沿技术；中国钢研、东北特钢和二重万航等单位联合研制出世界最大、直径为 2.2 米的涡轮盘，突破了我国 F 级重型燃机核心部件制备瓶颈；钢研纳克研发了分辨率达到 1.5 纳米的高分辨扫描电镜，跻身扫描电镜领域世界前列，打破了该领域长期以来受制于人的困境；宝武、河钢、鞍钢、建龙、中国钢研、北京科技大学、东北大学等单位围绕氢冶金等技术开展研发、中试和产业化攻关，勇闯创新无人区，为引领世界钢铁技术发展积蓄力量。

四、加快绿色低碳发展步伐

2022 年钢铁行业积极贯彻党中央决策部署，以科技创新为主线，扎实推进行业绿色低碳发展。8 月 15 日组织召开了钢铁行业低碳工作推进委员会 2022 年年会，发布了《钢铁行业碳中和愿景和低碳技术路线图》。依托钢协低碳工作推进委员会和科技创新工作委员会，提出了钢铁行业需要国家重视和支持的、需要行业集中研究的一批世界前沿低碳技术，包括富氢碳循环高炉、氢基竖炉、近终形制造等"八大世界前沿低碳技术"，统筹创新资源全面开展攻关。11 月，中国宝武与中国钢协和世界钢协在上海共同举办了以"重塑钢铁行业在人类可持续发展进程中的关键地位"为主题的"全球低碳冶金创新论坛"。同时，钢铁行业上线了我国工业领域首个 EPD 平台，即钢铁行业 EPD 平台，并发布 EPD 报告电子标签，全年共完成宝武、首钢、沙钢、包钢、酒钢等近十家企业集团 36 份 EPD 报告发布，其中 6 份铁矿石 EPD 报告实现全球首发。

2022 年，钢协共接受 51 家钢铁企业的公示申请，公示 35 家企业，其中 17 家钢铁企业完成了全工序超低排放公示，涉及粗钢产能 6785 万吨；18 家钢铁企业完成部分工序超低排放公示，涉及产能 8626 万吨。截至 2022 年底，共有 66 家钢铁企业（包括 1 家球团企业）完成了超低排放改造和评估监测，其中，40 家钢铁企业完成了全工序超低排放改造，涉及粗钢产能在 2.0 亿吨左右；26 家钢铁企业完成部分工序超低排放改造公示，涉及粗钢产能约为 1.6 亿吨。

宝武、鞍钢、河钢、首钢和建龙等大型钢铁企业集团加快布局绿色低碳技术创新，富氢碳循环高炉、氢基竖炉、绿氢流化床炼铁等世界前沿低碳技术示范项目不断取得重大突破，受到行业和社会的广泛关注。宝武八钢建成首个面向全行业、开放性的"低碳炼铁创新试验共享平台"即富氢碳循环高炉，已于 7 月顺利出铁。经过持续攻关试验，已具备高炉煤气低成本高效脱碳、富氢碳循环氧气高炉煤气自循环喷吹、富氢煤气-煤粉复合喷吹等功能，为最终实现高炉较基准期减碳 30% 的低碳生产运行能力奠定了坚实的基础。河钢加快氢冶金示范工程建设，张宣科技一期氢冶金示范项目工程全线贯通建成，已完成造球铁精粉优化及工业、焦炉煤气自重整关键技术研究攻关，并持续加大氢冶金气基竖炉直接还原工艺核心装备的研发力度，不断提高核心装备的国产化率。首钢集团大力推进节能降碳技术创新，开发了"五效一体"高效循环利用技术、大型高炉高比例球团矿低碳冶炼技术、白灰窑尾气二氧化碳用于 CO_2-O_2 混合喷吹炼钢工艺，以及首钢朗泽富含 CO/CO_2 的工业气体生物发酵法制燃料乙醇及乙醇梭菌蛋白技术。鞍钢集团加快氢冶金技术研发，建设了全球首套绿氢零碳流化床高效炼铁示范项目，采用国产"低品位、高硅"铁精矿进行氢冶金生产，确定了碱水电解制氢制氧的工艺方案和氢气储存方案，突破传统还原过程粉体黏结失流和还原效率低的问题，建立细铁矿粉流化床高效氢气还原新工艺。

五、标准化工作情况

2022 年钢铁行业围绕国家新材料、质量提升、节能减排、资源综合利用、绿色制造、碳达峰碳中和、智能制造、短流程炼钢、增材制造等领域以及下游用户用钢需求，积极开展标准制修订工作。全年新申报国标、行标等标准项目计划共 318 项，获准下达项目计划 112 项，获得发布标准共 357 项，推动中国优势产品、优势技术转化为国际标准，由我国主导发布了 ISO 23838—2022《金属材料 高应变速率室温扭转试验》等 18 项国际标准。在开发废钢资源方面，发布了《GB/T 39733—2020〈再生钢铁原料〉国家标准实施指引》，进一步规范和提升再生资源回收利用。钢协团标下达标准项目计划 135 项，发布标准 104 项，下达科技成果转化标准计划 17 项。

截至 2022 年 12 月 31 日，钢铁行业现行标准（国标、行标、钢协团标）

总数已达 3666 项，其中国家标准 1675 项，行业标准 1534 项，国家军用标准 154 项，钢协团体标准 303 项。钢铁行业现行标准涉及钢铁产品及方法、铁矿石与直接还原铁、生铁及铁合金、焦化、耐火材料、冶金机电工程建设、资源综合利用、节能、节水等领域。

六、科技奖励情况

2022 年共有 111 个项目获得冶金科学技术奖，其中"欧冶炉熔融还原炼铁工艺技术研究"项目获特等奖，"地下铁矿山高阶段嗣后胶结充填理论与应用研究"等 23 个项目获一等奖，"崩落法地采大型铁矿尾矿全资源化梯级利用关键技术研究与产业化"等 29 个项目获二等奖，"深部金属矿高应力超前致裂精准爆破技术与应用"等 58 个项目获三等奖。

（本章撰写人：毛明涛，宋涛，高俊哲，李煜，中国钢铁工业协会）

第15章

2022年钢铁行业综合景气度评价

2022年是承前启后的关键一年，这一年国际形势动荡不安，新冠疫情影响反复持续，国内需求不振、供给冲击、预期转弱，对钢铁行业的景气运行带来巨大挑战，中国钢铁在党的二十大精神鼓舞和指引下，坚持全面贯彻新发展理念，理性判断市场形势，积极适应市场变化，多措并举降本增效，转型升级不断加速，产业链水平持续提升，绿色发展成果大量涌现，行业运行总体保持相对平稳，为稳定国民经济发展和全面满足市场需求发挥了重要作用。

本章在去年研究的基础上，对反映钢铁行业综合景气运行情况的各类经济指标作了深入梳理，对原有的10项评价指标进一步进行丰富和完善，采用合成指数方法，将5类一级指数，即原料指数、供需指数、效益指数、规模指数、发展指数等合成行业景气指数。同时，通过9项二级指标和19项三级指标，综合评价年度内钢铁行业各方面运行景气状况。其中，原料指数、供需指数、效益指数等三类指数对钢铁行业运行综合景气度影响较大，反映出原燃料供应、钢铁需求和企业效益是影响钢铁景气变化的主要构成因素，因而对指标的考量较去年增加了废钢价格、喷吹煤价格、企业库存和社会库存等评价指标。同时，为全面反映出行业高质量发展相关指标对景气度的影响，还增加了发展指数作为评价的因素之一，从指标相关性看，劳动生产率、工资水平、研发投入强度、吨钢综合能耗等指标也是观察钢铁行业未来景气变化的重要因素，更是反映钢铁行业自身创新、创效能力的重要体现。

为更加直观和及时反映行业年度内景气度波动变化情况，本章将按照月度区间对行业景气状况开展评价。考虑到各类指标数据的稳定性、可获得性和行业运行的周期性等影响因素，行业景气度研究最终选择以 2019 年数据作为对比基期，对近年来景气走势，特别是 2022 年行业运行综合指标进行对比分析，以便于从定量角度对钢铁行业 2022 年各月整体景气运行态势做出更加精准和全面的评价，同时，也为今后各年度之间开展行业景气度横向对比提供参考依据。

一、景气度评价指标选择

从大量文献和相关行业景气研究资料来看，在行业景气运行的主要评判指标依据中，销售收入是反映行业总体生产经营状况的一个重要基础性指标，因而作为分析判定的基准指标较为合适。同时，本研究全面调取了与行业运行紧密相关的 30 余项月度数据指标进行分析，涵盖了从原料、生产到价格、效益，以及人力资源、研发投入等方面，在综合指标的相关性程度，以及对行业运行重要性等两方面因素后，对指标进行筛选和分类，分别从原料、供需、效益、规模和发展 5 个维度，选出 19 项运行指标（表 15-1），其中 17 项为相关性较高的指标，2 项为行业运行分析的重要性指标，作为行业景气分析的主要判定依据。

表 15-1　中国钢铁行业景气综合指标

一级指标（评价维度）	二级指标（功能指标）	三级指标（统计指标）	相关性指数（绝对值）
原料指数	铁素原料	国内铁矿石产量	>0.5
		废钢价格	>0.5
		综合铁矿石价格	>0.5
	碳素原料	焦炭价格	>0.5
		喷吹煤价格	>0.5
供需指数	供给质量	钢产量	>0.5
		钢材综合价格指数	>0.5
	需求状况	社会库存	—
		企业库存	>0.5
效益指数	盈利能力	营业收入	1
		利润总额	>0.5
		销售利润率	>0.5
	资产状况	资产负债率	>0.5

续表 15-1

一级指标（评价维度）	二级指标（功能指标）	三级指标（统计指标）	相关性指数（绝对值）
规模指数	经济影响	营收工业占比	>0.5
		利润工业占比	—
发展指数	人力资本	劳动生产率	>0.5
		平均工资	>0.5
	创新能力	研发投入强度	>0.5
		吨钢综合能耗	>0.5

二、景气指数的计算方法

中国钢铁行业综合景气指数算法的核心是通过成本压力、供需态势、盈利能力、规模大小、未来发展五大指数，将景气度这一抽象概念进行具象化表述，便于行业内外直观了解当前行业运行总体状况，为针对行业形势进一步开展分析、研究提供便利。中国钢铁行业综合景气指数计算方法及步骤介绍如下。

（一）数据标准化

由于各项指标数据量纲不同，故在代入模型计算前需要剔除量纲影响，本研究采取极差标准化法对原始数据的线性变换，使结果值映射到[0,1]之间，公式如下：

$$A_{ij} = \frac{x_{ij} - \min\{x_{ij}\}}{\max\{x_{ij}\} - \min\{x_{ij}\}}$$

式中，x_{ij} 为原始数据，逆向指标则用 x'_{ij} 替换；$\min\{x_{ij}\}$ 为原始数据序列中的最小值；$\max\{x_{ij}\}$ 为原始数据序列中的最大值。

（二）逆指标正向化

逆向指标是指在评估过程中，所使用的与正向指标相反的指标，即指标数值越大，表示结果越差。逆向指标通常用于衡量负面影响、风险和不良结果等方面。在实践中，逆向指标难以直接与正向指标进行比较，故在评价中存在一定的局限性。

针对上述问题，需要将逆指标进行正向化处理，将逆指标原始数据转化为正向指标，其公式如下：

$$x'_{ij} = \max_{1 \leqslant i \leqslant n} \{x_{ij}\} - x_{ij}$$

式中，x_{ij} 为第 j 组的第 i 个样本；$\max\{x_{ij}\}$ 为选取第 j 组样本中的最大值。

（三）熵权法确定权重

本研究采用主客观相结合的方法确定各指标权重，即对一级和二级指标，主要采用主观赋权法，对于三级指标主要采用客观赋权法，其中客观法选用的是熵权法。熵权法的基本思路是根据指标变异性的大小来确定客观权重。一般来说，若某个指标的信息熵越小，表明指标值的变异程度越大，提供的信息量越多，在综合评价中所能起到的作用也越大，其权重也就越大。相反，某个指标的信息熵越大，表明指标值的变异程度越小，提供的信息量也越少，在综合评价中所起到的作用也越小，其权重也就越小。其步骤如下：

（1）计算各指标在各方案下所占比重。计算第 j 项指标在第 i 个方案中占该指标的比重，即计算该指标的变异程度。公式如下：

$$p_{ij} = \frac{A_{ij}}{\sum\limits_{i=1}^{n} A_{ij}}$$

（2）计算各指标信息熵。对于第 i 个指标，其信息熵计算公式如下：

$$e_j = -\frac{1}{\ln(n)} \sum_{i=1}^{n} [p_{ij} \times \ln(p_{ij})], \ j = \{1, 2, 3, \cdots, m\}$$

需要说明的是，在计算信息熵的过程中，通常除以一个常数 $\ln(n)$，可以使 e_j 的区间落在[0,1]之间。信息熵越大，已有的信息量就越小。如果 $e=1$，信息熵达到最大，此时 $p_{1j}, p_{2j}, \cdots, p_{nj}$ 全部相同，也就是 $A_{1j}, A_{2j}, \cdots, A_{nj}$ 全部相同。可以理解为，如果某个指标对于所有的方案都具有相同的值，那这个指标在评价时几乎不起作用，即在熵权法的评价体系下，信息熵越大，已有信息量小。

（3）计算熵权。定义信息效用值 $d_j = 1 - e_j$，则信息效用值越大，已有信息量越多。最后，将信息效用值进行归一化处理，就可以得到每个指标的熵权，公式如下：

$$w_j = \frac{d_j}{\sum\limits_{j=1}^{m} d_j}, \ j = \{1, 2, \cdots, m\}$$

（四）计算综合得分

采用各指标标准化后的数据与各指标权重相乘再求和的方式计算各期数据的综合得分，公式如下：

$$\varphi_i = \sum_{j=1}^{m} A_{ij} \times w_j$$

（五）构造景气指数

在得出各期数据综合得分后，选取 2019 年 1-12 月各月综合得分平均值作为基期，公式如下：

$$\varphi' = \frac{\sum\limits_{i=1}^{12} \varphi_i}{12}$$

式中，φ_i 取值范围为 2019 年 1 月至 12 月。

本研究选取 2019 年 1-12 月作为基期，主要有以下考量：第一，2017年 6 月 30 日后，"地条钢"已经出清，剔除了"地条钢"对钢铁行业景气度的干扰；第二，2017 年下半年至 2018 年全年，钢铁行业整体处在"地条钢"出清后的恢复期，合规产能得到充分释放，快速填补"地条钢"出清后的市场空间，行业整体景气程度受此因素影响较大，且该因素属于非常规因素，不能作为常态化评价基础；第三，2020 年疫情暴发后，受国家各项政策及国内外市场环境剧烈变化的影响更加显著，特别是 2021 年产能、产量双控政策对行业整体影响较大，故这两年不能作为常态化评价基础。综上，2019 年是近 10 年来同时满足"地条钢"出清、合规产能已填补市场空间、政策影响度最低三大基础条件的唯一年份，故将其作为基期进行参照。

采用其余各期综合得分与基期综合得分进行比值的方式测度后续各期综合得分相对基期综合得分的变化程度，其公式如下：

$$\partial = \frac{\varphi_j}{\varphi'}$$

式中，φ_j 的取值范围为 2020 年 1 月至今。

三、景气度综合评价及指标体系分析

本次研究在之前研究的基础上，综合考虑了数据的重要性、灵敏性、完整性、稳定性、代表性和可得性，构建了包含原料指数、供需指数、效益指数、规模指数及发展指数 5 个一级指标、9 个二级指标和 19 个三级指标，共同组成中国钢铁行业景气度综合评价指标体系（表 15-1），相关数据主要来源于国家统计局、中国钢铁工业协会相关统计数据和 Mysteel 数据库等。

（一）景气度指数综合评价

按照上述中国钢铁行业景气度综合评价指标体系，绘制了中国钢铁行业景气度指数（图 15-1）。从图中可以看出，2022 年一季度中国钢铁行业景气度指数有小幅度上涨趋势，由 1 月的 93.1 点增长至 3 月的 99.7 点，二季度开始景气度指数呈现下降趋势，一直到 7 月达到最小值为 78.4，8 月起景气度指数有小幅增长，但仍处于较低水平。直到 12 月景气指数才回升至接近年初水平。

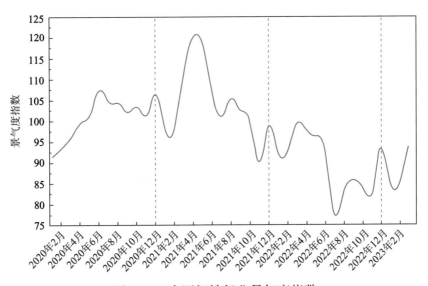

图 15-1　中国钢铁行业景气度指数

（二）原料指数

原料是钢铁生产稳定运行的重要条件，对于行业的运行成本有着较大的影响。本研究以 2019 年各月平均值作为基准期，指数反映了铁素资源和碳素资源两个方面 5 项指标的综合变化，图 15-2 绘制了 2020 年 1 月-2023

年 3 月的原料指数变化情况。2022 年期间，原料指数整体波动较大，从 1 月起原料指数呈下降趋势，到 4 月原料价格指数仅为 71.1 点，对钢铁行业景气度有显著的不利影响。5 月原料指数出现上涨并逐步上升到 8 月的 90.2 点，随后指数稳定在 80-90 点之间。

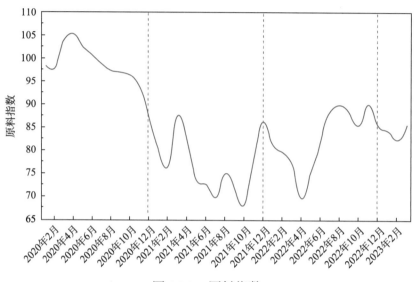

图 15-2　原料指数

1. 铁素资源评价

铁素资源包括了国产铁矿、废钢和进口铁矿三方面指标。如图 15-3 所

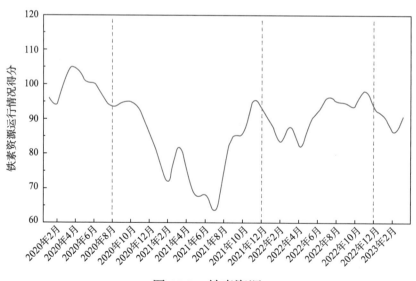

图 15-3　铁素资源

示，2022 年 1-5 月铁素资源运行情况得分整体较低，在 86 点上下浮动，主要是受上半年国内废钢价格和铁矿石价格持续上涨影响，造成钢铁企业冶炼成本增加。6 月起，国内铁素资源价格整体逐步降低，企业成本压力逐步好转，铁素资源运行情况得分均在 90 点以上，其中 11 月得分达到全年最高值为 98.5 点。

2. 碳素资源评价

碳素资源主要包含了焦炭和喷吹煤两个主要影响指标，如图 15-4 所示，2022 年碳素资源运行情况得分整体偏低，全年均值仅为 72.0 点。1-4 月，由于焦炭和喷吹煤价格较高，对钢铁企业的盈利空间造成了严重挤压，碳素资源运行情况得分明显低于上年同期水平，其中 4 月仅为 55.3 点。5-8 月受疫情影响，终端需求减弱，影响由产业链上游传导至原料市场，使得焦炭价格下降，碳素资源运行情况得分出现小幅度回升，为钢铁企业的利润回升提供了一些空间。

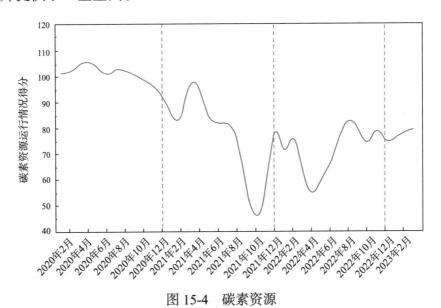

图 15-4　碳素资源

（三）供需指数

市场供应和需求的变化是一种重要的经济活动，对钢铁行业景气度的影响起着重要的作用。供需指数反映了供给质量和需求质量两个方面 4 项指标的综合变化，如图 15-5 所示，2022 年一季度供需指数呈逐月上升态势，其中 3 月供需指数达到当年最大值 130.1 点，从 4 月起供需指数连续 8 个月下降，11 月供需指数仅为 87.0 点。2022 年 4 月起，供需指数的持续下降，对行业整体景气运行造成一定的不利影响。

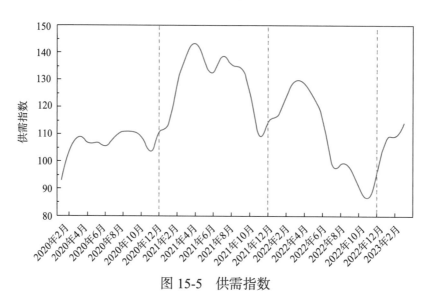

图 15-5 供需指数

1. 供给质量评价

供给质量主要包含钢产量及钢材综合价格两项指标。如图 15-6 所示，2022 年供给质量运行情况由 1 月的 130.5 点快速增长至 4 月的 145.1 点，主要原因随着冬奥会限产、采暖季结束，钢厂进入复产周期，同时钢材综合价格指数有所提升；二季度，国内疫情频发严重影响经济活动，供给质量

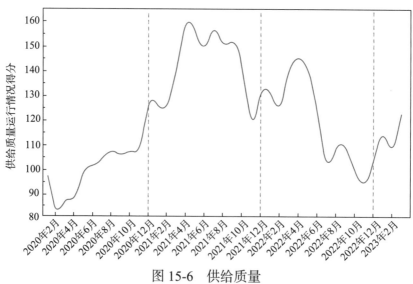

图 15-6 供给质量

运行情况从 5 月起开始逐步走低；三季度受需求端的负反馈，钢铁企业主动降价减产，"金九银十"预期落空，海外特别是美联储加息预期走强，再次打压本脆弱的钢材市场，钢材价格最低点一度达到 2016 年水平，使得供给质量运行情况进一步回落。

2. 需求状况评价

需求状况主要包含企业库存和社会库存两项指标，经分析发现，社会库存与企业库存有所不同，除季节性波动特性外，社会库存与钢铁需求呈现正相关性。钢材需求状况从 1 月起开始快速增长（图 15-7），其中 2 月需求状况达到最大为 122.0 点，从 3 月中旬开始，国内疫情多点暴发，需求端受到打压，企业库存增加，社会库存下降，需求状况开始走弱。从三季度开始，需求状况连续 5 个月下降，11 月的需求状况仅为 74.8 点。其间，虽有降准降息的刺激，以及基建托底，但房地产行业更加低迷，带动需求总体走弱。同时对行业整体的景气运行造成了较大负面影响。

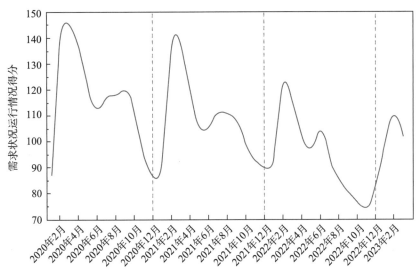

图 15-7　需求状况

（四）效益指数

行业效益状况是反映行业运行景气程度最直观表现之一，效益指数由盈利能力和资产状况两个方面四项指标构成，效益的好坏需要对相关指标进行综合评价。如图 15-8 所示，2022 年一季度效益指数呈波动上升态势，4 月效益指数达到当年最大值 105.4 点，随后开始逐月下降，7 月效益指数下降到当年最低值（46.8点）。8月起，效益指数虽有所回升，但仍处于较低水平。效益指数长期的低迷的走势是行业景气度低位运行的重要影响因素。

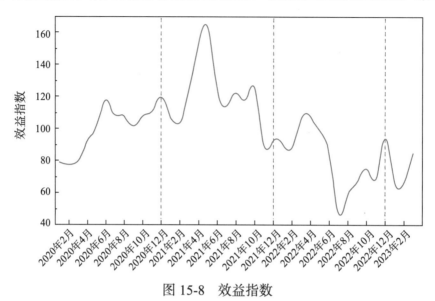

图 15-8　效益指数

1. 盈利能力评价

盈利能力包括营业收入、利润总额和销售利润率，能反映出行业生产经营结果和盈利水平的高低。如图 15-9 所示，2022 年一季度钢铁行业盈利能力波动上升，从二季度起盈利能力逐步下降，7 月全国"断贷潮"爆发，进一步影响钢铁行业，当月营业收入同比下降 19.7%，月度利润总额转为负

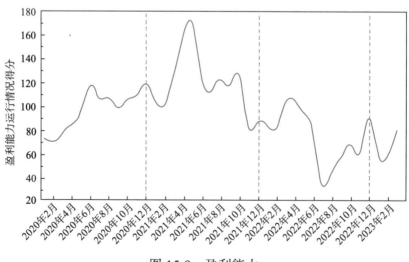

图 15-9　盈利能力

值，盈利能力仅为 34.0 点。随后交付政策的出台有助于提振市场，国内基建端发力，实物需求增速回升，但市场整体预期依然较弱，盈利能力仍处于较低水平。盈利能力的大幅降低对行业景气度造成较大的负面影响。

2. 资产状况评价

资产状况主要观察资产负债率指标，可以反映出行业财务状况和经营风险。2022 年资产状况整体呈波动下降态势，资产负债率结束了前两年的下降态势，又呈现逐步增大趋势，这将对钢铁行业景气指数也造成一定负面影响（图 15-10）。

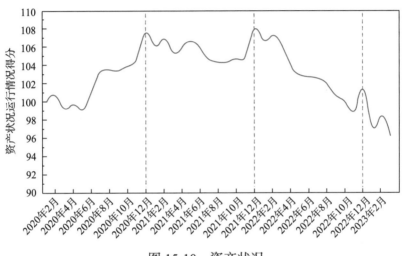

图 15-10　资产状况

（五）规模指数

钢铁工业是国民经济的基础性产业之一，在国内工业领域发挥了不可替代的作用，评判行业的景气状况也应从钢铁行业对国民经济，特别是对工业经济贡献进行评价。规模指数主要反映钢铁工业的经济影响力，主要包含营收工业占比和利润工业占比两项指标。

图 15-11 所示为 2020 年 1 月-2023 年 3 月规模指数变化情况。从图中可以看出，2022 年 4 月起规模指数开始下降，随着全行业开始出现亏损，7月规模指数也达到最小值，仅为 38.2 点，尽管后期指数有所回升，但 2022年规模指数整体表现远低于去年，甚至低于 2019-2020 年。2022 年规模指数的下降对钢铁行业景气指数造成了不利影响。

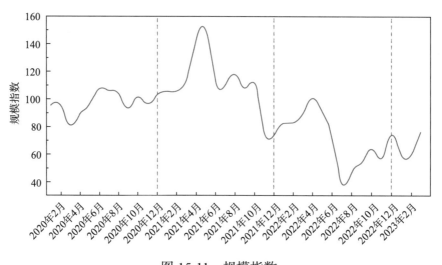

图 15-11　规模指数

（六）发展指数

发展指数包括人力资本和创新能力两个方面四项指标，是行业在未来可持续发展的重要体现。如图 15-12 所示，由于部分指标存在周期性结算因素，发展指数整体也呈现出一定季节性波动，但从全年对比来看，与 2020 年、2021 年相比，2022 年发展指数总体呈增长态势，一季度末指数为 131.6 点，随后二季度末和三季度末分别达到了 147.3 点和 153.5 点，四季度结束时发展指数达到当年最大值 165.5 点。

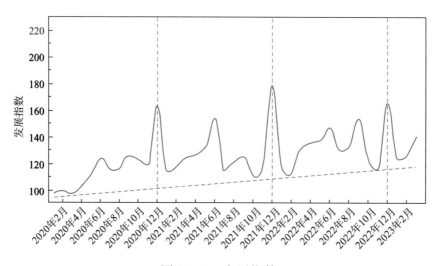

图 15-12　发展指数

1. 人力资本评价

人力资本由劳动生产率和平均工资两项指标构成，运行情况如图 15-13 所示，由于多数企业在 12 月兑现年终资金激励，人力资本走势呈现年末高点。2022 年总体来看，上半年人力资本运行情况要稍好于下半年，1-5 月随着劳动生产率的提高，人力资本运行情况由 113.2 点逐渐上升到 135.1 点。随后，受需求收缩、供给冲击、预期转弱三重压力，钢铁行业整体效益指标显著下降，钢铁企业纷纷压减人力成本。从 6 月开始钢铁行业职工人数和平均工资水平呈降低趋势，劳动生产率也出现降低。人力资本运行情况的低迷表现对发展指数造成一定负面影响。

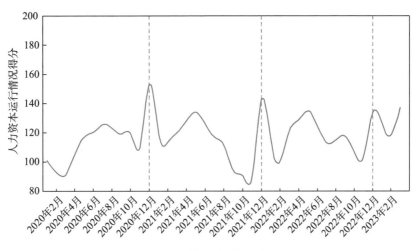

图 15-13　人力资本

2. 创新能力评价

创新能力是由研发投入强度和吨钢综合能耗两项指标构成。与企业对研发投入的季度结算习惯有关，全年的创新能力波动基本符合季度性变化规律。2020 年 1 月-2023 年 3 月创新能力变化情况如图 15-14 所示。相比 2020 年和 2021 年，2022 年创新能力总体呈波动上升态势。从一季度开始，创新能力波动上涨，一直到四季度末，创新能力指数达到 211.1 点。研发投入强度是衡量企业科技创新实力的基础性、战略性、关键性指标，受国家财税政策鼓励影响，近年来企业研发投入强度呈现快速增长，有利于促进企业科技创新和高质量发展，同时对未来行业景气运行也具有一定的积极影响。

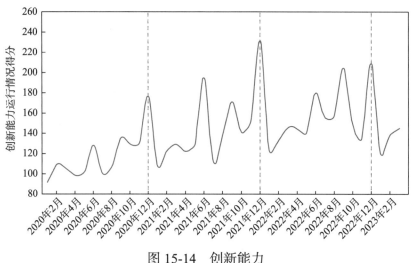

图 15-14　创新能力

四、景气度年度小结

2022 年，全球能源危机持续，发达经济体货币紧缩、美元持续走强，全球主要经济体增速大幅放缓，全球钢铁市场阶段性低迷。同时，受到需求收缩、供给冲击和预期持续弱势的三重压力影响，铁矿石价格大幅波动整体仍处于高位，能源成本大幅上涨，钢材价格震荡下行，导致钢铁行业的经营效益明显下滑，中国钢铁行业景气度受到明显冲击，景气指数同比远低于 2021 年，也低于 2019 年及 2020 年均值。

一季度原料指数对行业景气运行造成一定负面影响，但供需指数、效益指数和规模指数较好的表现使行业景气度指数有小幅度上涨，达到全年最高的 99.7。

二季度以后需求端低迷，供需指数和效益指数表现变差，景气度指数从 4 月出现下降趋势，一直到 7 月达到最小值为 78.4，从 8 月开始景气度指数有小幅增长，但仍处于较低水平。

四季度依靠原料指数的回升和发展指数较好的表现，使得 12 月的景气度指数回升至接近年初水平。

（本章撰写人：申永亮，谢聪敏，张健，中国钢铁工业协会）

第16章
2021年钢铁行业人力资源状况分析

自2008年调整《中国钢铁工业企业人事劳资统计年报》以来，在全行业人力资源工作者的努力下，经过多年磨砺，逐步建立了钢铁行业人力资源数据统计与分析系统，形成了行业人力资源数据体系，为掌握钢铁行业人力资源基本信息，了解和分析行业人力资源及劳动生产率、人工成本等基本情况及变化趋势，企业间对标挖潜等发挥了积极作用；也为各企业建立以时间为坐标轴的本企业人力资源纵向数据体系，进行对比分析，发现问题、解决问题发挥了积极作用；对人力资源数据运用多元化，探索出了人力资本竞争力指数，更全面地反映企业人力资本竞争力现状。

2021年人事劳资重点统计（以下简称会员企业或行业）中，按规模划分，生产粗钢1000万吨及以上的大型企业占25.53%，500万-1000万吨的中型企业占22.34%，500万吨以下的中小型企业占52.12%；按所有制划分，国有或国有控股企业占51.06%，非国有企业占48.94%；这些企业基本涵盖了我国年产粗钢300万吨以上规模的钢铁企业，具有较广泛的代表性和覆盖性，其统计分析结果可以代表我国钢铁工业2021年人力资源管理现状（表16-1）。

表16-1　2019-2021年钢铁企业人力资源数据情况　　　　%

年份	国有企业	非国有企业	大型企业	中型企业	中小型企业
2021	51.06	48.94	25.53	22.34	52.13
2020	50.53	49.47	24.21	24.21	51.58
2019	52.13	47.87	18.09	25.53	56.38

数据来源：钢铁行业人力资源数据统计及分析系统。

一、2021 年钢铁工业职工结构人数情况

2021 年职工总数、在岗职工数比 2020 年有所增加，主业在岗职工数、不在岗职工数、离退休职工数比 2020 年有所减少，在岗职工比例较 2020 年有所提高，主业在岗职工比例、不在岗职工比例较 2020 年有所降低（表 16-2）。企业在化解产能职工分流安置的过程中，重心已经逐步向在岗职工结构调整转移，随着产能的释放，主业在岗职工比例趋于稳定，人员分流工作开始向非主业人员发展。2019 年、2020 年、2021 年连续三年职工总数增加，从岗位结构看，主要是技术人员、研发人员总数增加，这与企业提高产品档次、实现产品升级相关。主业在岗职工占比下降需要进一步调研和分析。

表 16-2   2019-2021 年钢铁工业企业职工结构情况表   %

年份	职工总数				离退休职工与职工总数比例
		在岗职工		不在岗职工	
			其中：主业在岗		
2021	100	91.18	61.85	8.82	75.22
2020	100	90.50	62.05	9.49	82.49
2019	100	89.41	62.09	10.59	81.14

数据来源：钢铁行业人力资源数据统计及分析系统。

二、2021 年钢铁工业主业在岗职工岗位分布情况

会员企业 2021 年年末主业在岗职工各类人员的比例结构为：高级经营管理人员占比 1.08%，比上年降低了 0.02 个百分点；一般经营管理人员占比 6.46%，比上年降低 0.45 个百分点；企业技术人员占比 12.33%，比上年提高 0.60 个百分点；研发人员在技术人员中占比 17.68%，比上年上升 2.39 个百分点；操作人员占比 80.13%，比上年降低 0.12 个百分点（表 16-3）。

2021 年高级管理人员和一般经营管理人员占比较 2020 年小幅下降，其中高级经营管理人员比例下降到接近 2018 年水平。2021 年操作人员和一般管理人员占比进一步下降。2021 年技术人员占比比 2020 年有所上升，延续前几年大幅提高的态势，研发人员占技术人员比例增加较为明显。这说明

表 16-3　2019-2021 年钢铁企业主业在岗职工岗位分布情况　　%

年份	高级经营管理人员	一般经营管理人员	技术人员	其中：研发人员	操作人员
2021	1.08	6.46	12.33	17.68	80.13
2020	1.10	6.91	11.73	15.29	80.25
2019	1.16	7.36	11.34	15.13	80.14

数据来源：钢铁行业人力资源数据统计及分析系统。

企业在减员增效的同时更加强调技术队伍和研发队伍的发展与维护，自觉地谋求通过技术改进和创新驱动来提高产品附加值，降低生产成本，提高市场竞争力。

三、2021 年钢铁工业职工学历结构情况

2021 年会员企业主业在岗职工学历结构为：博士占 0.12%，占比与上年持平；硕士占 1.66%，占比较上年提高 0.04 个百分点；本科占 17.43%，占比较上年提高 0.26 个百分点；专科占 26.28%，占比较上年提高 0.85 个百分点；中专占 14.25%，占比较上年降低 0.84 个百分点；高中及以下占40.26%，占比较上年降低 0.3 个百分点（图 16-1）。

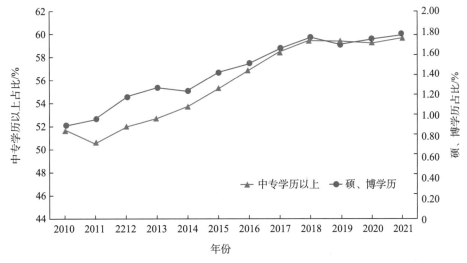

图 16-1　2010 年以来钢企主业在岗职工学历情况分布图

数据来源：钢铁行业人力资源数据统计及分析系统

2021 年钢铁行业中专及以上学历人员比例为 59.74%，较上年提高 0.30 个百分点，从近 12 年数据来看，2021 年占比继续提高，占比达到 12 年以来最高值。通过 2016-2018 年化解过剩产能，钢铁行业主业在岗职工学历结构上升了一个台阶，我国钢铁行业职工队伍学历结构整体上移，2018 年后，基本保持平稳略升的态势（表 16-4）。

表 16-4　2019-2021 年钢铁行业职工学历结构变化情况　　　　　%

年份	硕、博学历	中专学历以上
2021	1.78	59.74
2020	1.74	59.44
2019	1.69	59.43

数据来源：钢铁行业人力资源数据统计及分析系统。

四、2021 年钢铁工业职工年龄结构情况

2021 年，会员企业主业在岗职工的平均年龄为 40.58 岁，比 2020 年的 40.61 岁减少 0.03 岁，降幅 0.07%。与 2008 年相比，主业在岗职工平均年龄 14 年间增长了 2.58 岁，体现出职工队伍年龄逐年提高，整体趋向老化的局面。从 2021 年数据看，技术人员、研发人员平均年龄均同比有所增加，高级管理人员、一般经营管理人员、操作人员的平均年龄有所下降，其中研发人员的平均年龄最低、变化最大，说明近几年企业有意识地加大人才引进，注重人才队伍中新鲜血液的注入，操作人员年龄结构趋于稳定、变化最小（表 16-5）。可见，2019-2021 年间，企业更有意愿招录作为技术、研发人员主要来源的高学历技能人才。总体看，2021 年主业在岗职工平均年龄改变了"十三五"时期逐年增长的态势，企业加大了新员工的引进，有意识地做好人才梯队建设，防止出现人才断档。

表 16-5　2019-2021 年主业在岗职工年龄结构

年份	高级管理人员	一般经营管理人员	技术人员	其中：研发人员	操作人员	主业在岗平均
2021	47.00 岁	40.80 岁	39.95 岁	39.51 岁	40.57 岁	40.58 岁
2020	47.08 岁	41.25 岁	39.72 岁	38.56 岁	40.60 岁	40.61 岁
2019	46.58 岁	41.30 岁	39.27 岁	38.44 岁	40.47 岁	40.46 岁

数据来源：钢铁行业人力资源数据统计及分析系统。

五、2021 年钢铁工业工资及人工成本情况

2021 年会员企业主业在岗人员人均工资为 11.81 万元，与 2020 年的人均工资 10.12 万元相比增长 16.70%。随着行业向好形势趋于稳定，工资增幅比 2020 年有所扩大，恢复先前连续两年增幅超过 10% 的势头；人均社平工资系数为 1.47（社平工资采用 2020 年社会平均工资），即我国钢铁企业 2021 年人均工资高于 2020 年社会平均工资水平 46.48%，高于 2020 年人均社平工资系数（表 16-6）。近几年行业职工收入增速明显好于社会平均水平，表现在社平工资系数出现显著增长，这也有利于企业吸引人才、留住人才、降低人才流失率。

表 16-6　2019-2021 年钢铁行业人均社平工资系数变化情况

年份	2021	2020	2019
人均社平工资系数	1.47	1.36	1.25
系数同比增减/%	7.7	9.2	−9

数据来源：钢铁行业人力资源数据统计及分析系统。

2021 年会员企业人均人工成本 17.45 万元，比 2020 年会员企业人均人工成本（14.71 万元）增长 18.63%。2020 年单钢企业人均人工成本比 2019 年单钢企业人均人工成本（14.43 万元）增长 1.94%，2019 年单钢企业人均人工成本比 2018 年（13.02 万元）增长 10.83%，2018 年比 2017 年人均人工成本（11.26 万元）增长 15.63%。工资占人工成本中的比例从 2017 年的 66.77%，提高到 2018 年的 67.81%，提高了 1.04 个百分点；2019 年这一比例为 64.98%，比 2018 年降低了 2.83 个百分点；2020 年这一比例为 68.76%，比 2019 年提高了 3.78 个百分点；2021 年这一比例为 67.70%，比 2020 年降低了 1.06 个百分点。

六、2021 年钢铁工业劳动生产率情况

2021 年，会员企业实物劳动生产率，如按职工总数 122.83 万人计算，则人均年产钢约为 580 吨；如按在岗职工 112.98 万人计算，则人均年产钢约为 630 吨；如按主业在岗职工 81.92 万人计算，则人均年产钢约为 871 吨（表 16-7）。

表 16-7　2019-2021 年钢铁企业实物劳动生产率情况统计表　　吨/(人·年)

年份	按职工总数计算	按在岗职工总数计算	按主业在岗职工总数计算	主业在岗职工劳动生产率同比增长/%
2019	539	595	806	9.47
2020	564	617	850	5.46
2021	580	630	871	2.47

数据来源：钢铁行业人力资源数据统计及分析系统。

　　钢铁企业近 14 年实物劳动生产率逐年提高，2016-2019 年的年增速均维持较高水平，增幅在 10% 左右。其主要原因是得益于化解过剩产能、人员分流安置后带来的劳动效率显著提高，这期间劳动生产率也从人均 600 吨提高到 806 吨。2020-2021 年期间，劳动生产率延续升高态势，但增幅较 2016-2019 年有所放缓（图 16-2）。同时，数据显示，2021 年主业以在岗职工、在岗职工为基数的劳动生产率同比增幅低于职工总数劳动生产率增幅。

图 16-2　2008 年以来钢铁主业在岗职工实物劳动生产率增长情况
数据来源：钢铁行业人力资源数据统计及分析系统

　　从 2018-2021 年的长期数据看，总体来讲，相对于以主业在岗职工总数为基数的实物劳动生产率，以在岗职工、职工总数为基数的实物劳动生产率增长幅度最大，行业的人员冗余，特别是二线、三线人员的冗余有效改观，14年来行业人力资本竞争力显著提升。

从2021年会员企业人均工业总产值、实现利税和利润情况看，与上年相比，人均产钢提高了5.46%，人均产值比上年提高了2.47%，增速延续放缓态势；人均产值较上年增长了36.32%，增速有所加快；人均利税、人均利润比上年上升了69.15%和72.25%，行业效益明显改善（表16-8和图16-3）。

表16-8　2019-2021年钢铁企业人均效益统计表

年份	人均产钢 /吨·(人·年)$^{-1}$	人均产值 /万元·(人·年)$^{-1}$	人均利税 /千元·(人·年)$^{-1}$	人均利润 /千元·(人·年)$^{-1}$
2021	871	408	480	288
2020	850	352.1	241.2	167.2
2019	806	342.7	257.1	175.0

数据来源：钢铁行业人力资源数据统计及分析系统。

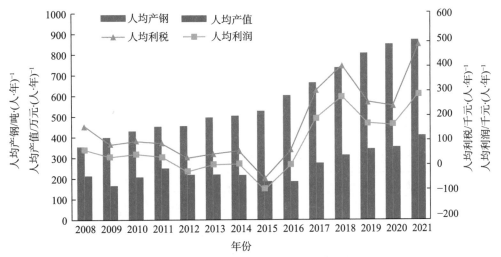

图16-3　2008-2021年钢铁企业主业人均效益变化
数据来源：钢铁行业人力资源数据统计及分析系统

2021年，行业人力资源结构持续优化，实物劳动生产率提高显著，行业稳中向好，劳动生产率较高企业优势明显，并且人均利税、人均利润有大幅度上升。

对效益与劳动生产率相关性分析，把2021年人均利税、人均利润排序前10名的企业进行汇总分析（表16-9）。前10名企业的两项指标排序情况略有不同，人均利税、人均利润排前 10 名企业的人均实物劳动生产率分别为 1304 吨／(人·年)和 1305 吨／(人·年)，均是行业平均的 1.50 倍。而这 10 家企业人均利税、人均利润分别达到行业平均的 2.43 倍和 2.76 倍，大于实物劳动生产率的差距。

表 16-9　按实物劳动生产率分组来看不同区间会员企业效益平均值的分布

按实物劳动生产率分组/吨·人$^{-1}$	企业数	人均产钢/吨·人$^{-1}$	人均产值/万元·人$^{-1}$	吨钢人工成本/元·吨$^{-1}$	人均利税/万元	人均利润/万元	万元人工成本投入产出比		
							利润/万元	产钢/吨	主营业务收入/万元
>1244.27 (TOP10%)	9	1404.82	843.79	184.76	88.79	68.51	2.64	54.12	33.92
1011.35-1244.27 (10%-25%)	13	1122.26	587.97	197.09	67.15	51.11	2.31	50.74	40.89
803.42-1011.35 (25%-50%)	24	892.08	463.01	179.59	37.64	25.70	1.60	55.68	32.62
449.10-803.42 (50%-90%)	36	658.33	377.51	230.85	22.90	14.00	0.92	43.32	24.37
<449.10 (BOT10%)	9	325.88	242.00	289.11	8.28	4.52	0.48	34.59	22.48

数据来源：钢铁行业人力资源数据统计及分析系统。

总体来看，人均利税、人均利润高的企业，其实物劳动生产率的平均值大于人均利税、人均利润低的企业的实物劳动生产率的平均值，充分说明实物劳动生产率与效益有明显的正相关性（表 16-10 和表 16-11）。

表 16-10　按人均利税分组来看不同区间会员企业人均产钢平均值的分布

按人均利税分组/万元	企业数	人均产钢/吨·人$^{-1}$	人均产值/万元·人$^{-1}$	吨钢人工成本/元·吨$^{-1}$	人均利税/万元	万元人工成本投入产出比		
						利润/万元	产钢/吨	主营业务收入/万元
> 70.53 (TOP10%)	9	1305.89	793.66	196.22	100.17	3.03	50.96	43.53
52.16-70.53 (10%-25%)	14	1027.72	566.41	207.79	58.19	1.99	48.13	27.08
30.08-52.16 (25%-50%)	23	842.23	502.84	215.35	41.11	1.66	46.44	29.34
4.81-30.08 (50%-90%)	37	696.77	352.75	190.65	18.68	0.81	52.45	29.01
<4.81 (BOT10%)	9	446.64	256.97	271.84	3.17	0.03	36.79	16.38

数据来源：钢铁行业人力资源数据统计及分析系统。

表 16-11　按人均利润分组来看不同区间会员企业人均产钢平均值的分布

按人均利润分组/万元	企业数	人均产钢/吨·人⁻¹	人均产值/万元·人⁻¹	吨钢人工成本/元·吨⁻¹	人均利润/万元	万元人工成本投入产出比		
						利润/万元	产钢/吨	主营业务收入/万元
>54.55 (TOP10%)	9	1309.65	832.20	196.07	81.40	3.17	51.00	39.34
40.60-54.55 (10%-25%)	13	1055.62	532.84	177.83	47.33	2.52	56.23	37.19
21.77-40.60 (25%-50%)	24	876.29	515.62	212.36	33.53	1.80	47.09	29.91
0.79-21.77 (50%-90%)	36	704.59	369.92	204.51	11.42	0.79	48.90	26.95
<0.79 (BOT10%)	9	607.11	302.23	269.25	−6.02	−0.37	37.14	19.83

数据来源：钢铁行业人力资源数据统计及分析系统。

七、2021 年钢铁企业人工成本投入产出情况

2021 年会员企业人均人工成本为 17.45 万元，较 2020 年人均人工成本增长 18.63%。2008 年以来，会员企业人均人工成本呈现逐年增加态势（图 16-4）。

图 16-4　2008-2021 年钢铁企业人均人工成本变动情况
数据来源：钢铁行业人力资源数据统计及分析系统

2021 年钢铁行业人均工资在各项费用中占比最大，占人工成本的 67.70%，与 2020 年相比，下降 1.06 个百分点；其次，福利费用、社保费用

占比明显下降，与 2020 年相比，占比分别下降了 0.38、0.20 个百分点。数据清晰地显示，国家为企业减负，降低了社保征缴比例；劳保和教育费用占比最小，在职工收入上升的同时，企业应持续注重教育培训的投入。其他人工费用的上升，与人员结构优化、职工安置得到国家奖补以及重点人群转移有关（表 16-12 和图 16-5）。

表 16-12 2019-2021 年钢铁企业人均人工成本结构统计表 %

年份	工资总额	社保费用	福利费用	教育经费	劳保费用	住房费用	其他人工费用	合计
2021	67.70	16.37	4.81	0.57	0.48	5.04	5.03	100
2020	68.76	14.44	5.19	0.55	0.68	6.03	4.35	100
2019	64.98	16.53	4.93	0.60	0.59	5.64	6.73	100

数据来源：钢铁行业人力资源数据统计及分析系统。

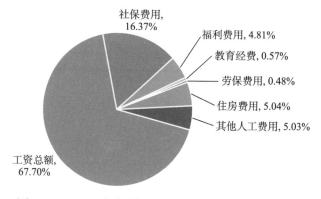

图 16-5 2021 年钢铁企业人均人工成本结构情况

经统计，2021 年培训费投入超过行业平均值（989 元/（人·年））的企业共有 29 家，其中国有企业有 25 家，培训费平均为 2095 元/（人·年）；非国有企业 4 家，培训费平均为 2038 元/（人·年）。29 家企业中有 27 家处在盈利状态。将人均培训费用与人均产值、人均产钢、人均利税、人均利润进行对比可知，人均培训费用相对较高的企业，其人均产钢、人均产值、人均利税、人均利润一般高于行业平均水平 10%以上，特别是人均产值，高出行业平均水平 22.51%（表 16-13）。数据显示，在行业形势严峻时，培训更多体现在降成本上，在行业形势整体稳定向好时，培训效果更多体现在高附加值上。多年数据显示，培训投入高的企业，在劳动生产率上有一定优势，劳动生产率的优势，能保证企业的经营效益；培训的投入效果体现在产品附加值上，体现在降本增效上。

表 16-13　按培训费用分类统计表

指标	人均产钢 /吨·(人·年)$^{-1}$	人均产值 /万元·(人·年)$^{-1}$	人均利税 /千元·(人·年)$^{-1}$	人均利润 /千元·(人·年)$^{-1}$
培训费用高于平均值的企业	964.26	588.42	46.21	32.84
行业平均	871.25	480.31	40.81	28.82
高出行业平均的百分率/%	10.68	22.51	13.23	13.95

数据来源：钢铁行业人力资源数据统计及分析系统。

2021 年行业主业在岗职工实物劳动生产率比上年增长了 2.47%，同时人均人工成本增长了 18.63%，相互抵消后，从表 16-14 中可以看出，2021年吨钢人工成本为 199 元/吨，比上年吨钢人工成本（174 元/吨）增加了 25元，上升了 14.35%。劳动生产率与职工收入同步提升，实现了企业与员工共同发展，企业效益较为稳定，职工待遇继续提高（表 16-14）。2021 年劳动生产率有所提升，企业人均利润、利税较大幅升高，同时人事费用率（人工成本／主营业务收入）、劳动分配率较大幅度降低。

表 16-14　2019-2021 年钢铁企业人工成本投入产出情况统计表

年份	吨钢人工 成本 /元·吨$^{-1}$	吨钢 利税 /元·吨$^{-1}$	吨钢 利润 /元·吨$^{-1}$	劳动分配率 （人工成本/ 工业增加 值）/%	人事费用率 （人工成本/ 主营业务 收入）/%	万元人工成本投入产出比			
						产钢 /吨	利润 /万元	利税 /万元	主营业务 收入/万元
2021	199.18	469.06	331.74	21.57	3.19	50.21	1.67	2.35	31.39
2020	174.19	288.84	199.74	27.92	3.67	57.41	1.15	1.66	27.22
2019	179.62	321.05	218.93	25.15	3.80	55.67	1.22	1.79	26.31

数据来源：钢铁行业人力资源数据统计及分析系统。

（本章撰写人：张怡翔，王岩，李洪涛，刘景荣，

钱璐，李磊磊，中国钢铁工业协会）

第17章

2022年钢铁行业绿色发展情况

2022年是钢铁行业稳步推进绿色高质量发展的关键之年。一年来，全行业深入贯彻落实国家相关政策、标准，紧密围绕污染物超低排放和"双碳"目标，不断加大节能减排管理力度，加大污染治理和节能降耗资金投入，加强绿色低碳技术的全面升级和推广应用，努力减少能源消耗、降低污染物排放，取得了显著效果。

一、2022年绿色发展相关政策简述

2022年1月，国务院印发《"十四五"节能减排综合工作方案》，其中提出：到2025年，全国单位国内生产总值能源消耗比2020年下降13.5%，化学需氧量、氨氮、氮氧化物、挥发性有机物排放总量比2020年分别下降8%、8%、10%以上、10%以上。推广高温高压干熄焦、富氧强化熔炼等节能技术，鼓励将高炉-转炉长流程炼钢转型为电炉短流程炼钢。推进钢铁、水泥、焦化行业及燃煤锅炉超低排放改造，到2025年，完成5.3亿吨钢铁产能超低排放改造，大气污染防治重点区域燃煤锅炉全面实现超低排放。

2022年1月，工业和信息化部、国家发展改革委、生态环境部联合印发的《关于促进钢铁工业高质量发展的指导意见》提出，坚持总量调控和科技创新降碳相结合，坚持源头治理、过程控制和末端治理相结合，全面推进超低排放改造，统筹推进减污降碳协同治理。力争到2025年，构建产业间耦合发展的资源循环利用体系，80%以上钢铁产能完成超低排放改造，吨钢综合能耗降低2%以上，水资源消耗强度降低10%以上。

2022 年 2 月，国家发展改革委、工业和信息化部等四部委发布的《高耗能行业重点领域节能降碳改造升级实施指南（2022 年版）》提出，推广烧结烟气内循环、高炉炉顶均压煤气回收、转炉烟一次烟气干法除尘等技术改造。推广铁水一罐到底、薄带铸轧、铸坯热装热送、在线热处理等技术，推进冶金工艺紧凑化、连续化。加大熔剂性球团生产、高炉大比例球团矿冶炼等应用推广力度。开展绿色化、智能化、高效化电炉短流程炼钢示范，推广废钢高效回收加工、废钢余热回收、节能型电炉、智能化炼钢等技术。推动能效低、清洁生产水平低、污染物排放强度大的步进式烧结机、球团竖炉等装备逐步改造升级为先进工艺装备，研究推动独立烧结（球团）和独立热轧等逐步退出。

2022 年 6 月，生态环境部、国家发展改革委等七部委发布的《减污降碳协同增效实施方案》提出，到 2025 年，减污降碳协同推进的工作格局基本形成；到 2030 年，减污降碳协同能力显著提升，助力实现碳达峰目标。推进工业领域协同增效，研究建立大气环境容量约束下的钢铁、焦化等行业去产能长效机制，逐步减少独立烧结、热轧企业数量。大力支持电炉短流程工艺发展，2025 年和 2030 年，全国短流程炼钢占比分别提升至 15%、20% 以上。推动冶炼副产能源资源与建材、石化、化工行业深度耦合发展。

2022 年 7 月，工业和信息化部、国家发展改革委、生态环境部发布的《工业领域碳达峰实施方案》提出，到 2025 年，规模以上工业单位增加值能耗较 2020 年下降 13.5%，单位工业增加值二氧化碳排放下降幅度大于全社会下降幅度，重点行业二氧化碳排放强度明显下降。鼓励钢铁、有色金属等行业原生与再生、冶炼与加工产业集群化发展。严格落实钢铁、水泥、平板玻璃、电解铝等行业产能置换政策。强化能源、钢铁、石化化工、建材、有色金属、纺织、造纸等行业耦合发展。有序推进钢铁、建材、石化化工、有色金属等行业煤炭减量替代。聚焦钢铁、建材、石化化工、有色金属等重点行业，完善差别电价、阶梯电价等绿色电价政策，鼓励企业对标能耗限额标准先进值或国际先进水平。

2022 年 11 月，生态环境部会同国家发展改革委等 14 个部委发布的《深入打好重污染天气消除、臭氧污染防治和柴油货车污染治理攻坚战行动方案》提出，推行钢铁、焦化、烧结一体化布局，有序推动长流程炼钢转型为电炉短流程炼钢。京津冀及周边地区继续压减钢铁产能，鼓励向环境容量大、资源保障条件好的区域转移。鼓励钢化联产，推动焦化行业转型升级，到 2025 年，基本完成炭化室高度 4.3 米焦炉淘汰退出。逐步推进步进式烧结机、球团竖炉、独立烧结（球团）和独立热轧等淘汰退出；显著提高电炉短流程炼钢比例。加快实施工业污染排放深度治理。2025 年年底前，高质量完成钢铁行业超低排放改造，全面开展水泥、焦化行业全流程超低排放改造。

2022 年 12 月，工业和信息化部发布《国家工业和信息化领域节能技术装备推荐目录（2022 年版）》。目录涵盖钢铁、有色、建材、石化化工、机械、轻工、电子等行业节能提效技术。钢铁行业节能提效技术包括：大型转炉洁净钢高效绿色冶炼技术、特大型高效节能高炉煤气余压回收透平发电装置、棒线材高效低成本控轧控冷技术、工业余热梯级综合利用技术、熔渣干法粒化及余热回收工艺装备技术、焦炉上升管荒煤气余热回收技术、清洁型焦炉高效余热发电技术、钢铁行业减污折叠滤筒节能技术等。

2022 年 12 月，生态环境部发布的《关于印发钢铁/焦化、现代煤化工、石化、火电四个行业建设项目环境影响评价文件审批原则的通知》规定，新建（含搬迁）钢铁、焦化项目原则上应达到超低排放水平，鼓励改建、扩建项目达到钢铁和焦化行业超低排放水平。有组织废气进行收集并按要求配备高效的脱硫、脱硝、除尘设施，焦炉煤气净化系统、罐区、酚氰废水预处理设施区域以及装卸产生的含挥发性有机物气体进行收集处理，烧结、电炉工序采取必要的二噁英控制措施，冷轧酸雾、碱雾、油雾和有机废气采取净化措施。新建高炉、焦炉实施煤气精脱硫，高炉热风炉、轧钢热处理炉采用低氮燃烧技术。

二、2022 年钢铁行业节能减排成效显著

（一）能源利用效率不断提高

2022 年，重点统计钢铁企业总能耗 34583 万吨标准煤，同比下降 2.5%。吨钢综合能耗 551.4 千克标准煤，在粗钢产量下降、公辅能耗占比上升的情况下，仅比上年小幅上升 0.2%。吨钢可比能耗 485.8 千克标准煤，同比上升 0.4%。在工序能耗方面，烧结、球团、焦化、炼铁、转炉炼钢和钢加工等主要工序能耗持续下降，分别同比下降 0.7%、3.2%、2.5%、0.1%、15.3% 和 1.5%。水资源利用方面，重点统计钢铁企业新水用量同比下降 3.2%，吨钢耗新水 2.4 立方米，同比下降 0.7%。水重复利用率 98.2%，同比提高 0.1

个百分点。在可燃气体回收利用方面，重点统计钢铁企业焦炉煤气产生量528 亿立方米，同比增长 2.5%，焦炉煤气利用率 98.4%，同比提高 0.1 个百分点。高炉煤气放散量 68 亿立方米，同比下降 26.3%，高炉煤气利用率98.4%，同比提高 0.1 个百分点。转炉煤气回收量 652 亿立方米，同比增长 3.4%，吨钢转炉煤气回收量 124 立方米，同比提高 4.2%（表 17-1）。

表 17-1　2018-2022 年重点统计企业能耗指标同比变化情况　　　%

指标名称		2018 年	2019 年	2020 年	2021 年	2022 年
综合指标	总能耗	−1.2	4.8	2.9	−1.4	−2.5
	吨钢综合能耗	−2.1	−1.1	−1.2	0.2	0.2
	吨钢耗电	0.8	0.5	−1.0	2.8	0.3
	吨钢耗新水	−5.1	−6.4	−4.3	−0.4	−0.7
工序指标	烧结工序	0.3	−0.3	−0.5	0.4	−0.7
	球团工序	−0.3	−7.8	1.8	3.0	−3.2
	焦化工序	4.5	−1.0	−2.2	2.7	−2.5
	炼铁工序	−0.2	−0.8	−0.7	0.1	−0.1
	转炉炼钢工序	−5.9	−3.7	−9.7	−3.9	−15.3
	电炉炼钢工序	0.7	−4.8	−0.3	0.9	0.3
	钢加工工序	−0.9	−2.0	0.9	−0.3	−1.5

数据来源：中国钢铁工业节能环保统计月报。

（二）超低排放改造成效显著

在废水处理方面，2022 年，重点统计企业外排废水 27643 万立方米，比上年减少 8278 万立方米，同比下降 23.0%，外排废水达标率 100%。吨钢外排废水 0.7 立方米，同比下降 19.2%。外排废水中化学需氧量排放量同比下降 26.0%，吨钢化学需氧量排放量同比下降 22.3%；氨氮排放量同比下降 14.6%，吨钢氨氮排放量同比下降 11.2%；挥发酚排放量同比上升 5.1%，吨钢挥发酚同比上升 9.3%；总氰化物排放量同比下降 50.4%，吨钢总氰化物排放量同比下降 47.7%；悬浮物排放量同比下降 21.8%，吨钢悬浮物排放量同比下降 18.7%；石油类排放量同比下降 26.8%，吨钢石油类排放量同比下降 23.8%（表 17-2）。

表 17-2　2018-2022 重点统计企业废水及其主要污染物排放量同比变化情况　%

指标名称	2018 年	2019 年	2020 年	2021 年	2022 年
外排废水总量	0.1	−7.6	−3.9	−7.6	−23.0
化学需氧量	−15.7	−13.0	−10.1	−6.9	−26.0
氨氮	−23.2	−28.9	−24.1	−0.1	−14.8
挥发酚	−23.6	−7.2	−44.4	−10.7	5.1
总氰化物	−16.7	29.4	7.1	−30.6	−50.4
悬浮物	−17.4	−13.5	−12.9	−11.3	−21.8
石油类	−17.9	−20.2	−6.8	−8.1	−26.8

数据来源：中国钢铁工业节能环保统计月报。

大气污染治理方面，钢协会员钢铁企业深入落实国家有关钢铁行业超低排放的要求，不断加大污染治理资金投入，努力降低污染物排放浓度，减少污染物排放量，统计的会员生产企业二氧化硫、颗粒物和氮氧化物排放总量及吨钢排放量持续降低。2022 年，重点统计企业外排废气总量 172333 亿立方米，同比增长 3.9%。外排废气中二氧化硫排放量同比下降 19.5%，吨钢二氧化硫排放量比上年下降 19.8%；颗粒物排放量同比下降 18.6%，吨钢颗粒物排放量比上年下降 18.26%；氮氧化物排放量同比下降 9.3%，吨钢氮氧化物排放比上年下降 12.42%（表 17-3）。

表 17-3　2018-2022 年重点统计企业废气中主要污染物排放同比变化情况　%

指标名称	2018 年	2019 年	2020 年	2021 年	2022 年
废气排放总量	6.4	6.3	5.4	3.4	3.9
二氧化硫排放量	−5.7	−6.3	−14.4	−22.2	−19.5
颗粒物排放量	−5.6	−9.3	−13.3	−15.2	−18.6
氮氧化物排放量	10.1	−0.8	−13.3	−13.8	−9.3

数据来源：中国钢铁工业节能环保统计月报。

（三）资源综合利用保持较高水平

在固体废物综合利用方面，2022 年，重点统计企业共产生钢渣 8911 万吨，同比下降 2.0%；钢渣综合利用率 98.6%，同比下降 0.5 个百分点。产生高炉渣 23039 万吨，同比下降 1.1%；高炉渣综合利用率 99.3%，同比下降 0.1 个百分点。产生含铁尘泥 4031 万吨，同比下降 1.0%；含铁尘泥综合利用率 99.5%，同比下降 0.2 个百分点（表 17-4）。

表 17-4　2018-2022 年重点统计企业主要固体废物利用情况　　　　%

指标名称	2018 年	2019 年	2020 年	2021 年	2022 年
钢渣产生量同比增长率	7.2	8.3	3.4	2.8	-2.0
高炉渣产生量同比增长率	0.8	7.2	4.2	-0.8	-1.1
含铁尘泥产生量同比增长率	0.8	7.5	3.5	4.6	-1.0
钢渣利用率	97.9	98.8	99.1	99.2	98.6
高炉渣利用率	98.1	98.9	98.9	99.4	99.3
含铁尘泥利用率	99.7	99.1	99.8	99.9	99.5

数据来源：中国钢铁工业节能环保统计月报。

三、发挥引领作用，努力为行业绿色低碳发展服务

（一）发布《钢铁行业碳中和愿景和低碳技术路线图》

2022 年 8 月，钢协向社会发布了《钢铁行业碳中和愿景和低碳技术路线图》（以下简称《路线图》），提出了"双碳"愿景，明确了中国钢铁工业"双碳"技术路径——系统能效提升、资源循环利用、流程优化创新、冶炼工艺突破、产品迭代升级、捕集封存利用。《路线图》还提出了实施"双碳"工程的四个阶段：第一阶段（2030 年前），积极推进稳步实现碳达峰；第二阶段（2030-2040 年），创新驱动实现深度脱碳；第三阶段（2040-2050 年），重大突破冲刺极限降碳；第四阶段（2050-2060 年），融合发展助力碳中和。《路线图》还提出深化供给侧结构性改革、持续工艺流程结构优化、创新发展低碳技术、打造绿色低碳产业链、加强全球低碳产业创新合作等五项重点任务。

（二）首次发布《钢铁行业社会责任蓝皮书》

《钢铁行业社会责任蓝皮书》（以下简称《蓝皮书》）是由钢协与中国社会责任百人论坛、责任云研究院合作编制，梳理了近年来钢铁行业社会

责任管理与实践情况，以 52 家钢铁企业为样本，以课题调查问卷为依据，结合企业社会责任管理体系"三步十法"，系统分析中国钢铁企业社会责任管理的进展与成效，为促进我国钢铁行业提升社会责任管理和实践水平提供参考。《蓝皮书》调查结果显示超七成钢铁企业有明确的社会责任主管部门，超八成钢铁企业已经或计划制定社会责任"十四五"规划，38%的钢铁企业已发布独立的社会责任报告（或可持续发展报告）。36%的钢铁企业根据自身经营管理情况，建立了社会责任指标体系。例如，中国宝武制定了《宝武社会责任指标体系》，涵盖了基本情况、诚信经营、创新驱动等 8 个领域。

（三）积极推进超低排放

自 2019 年生态环境部等五部委联合发布《关于推进实施钢铁行业超低排放的意见》以来，钢协重点开展了以下工作：第一，根据生态环境部《关于做好钢铁企业超低排放评估监测工作的通知》，开展了钢铁企业超低排放改造和评估监测进展情况公示工作。2022 年公示 35 家企业，其中 17 家钢铁企业完成了全工序超低排放公示，涉及粗钢产能 6785 万吨。18 家钢铁企业完成部分工序超低排放公示，涉及产能 8626 万吨。第二，为全面推广钢铁行业环保新技术、新工艺，助力行业超低排放改造，组织开展了钢铁行业先进环保技术案例征集评选活动，共评选出 44 项先进技术案例并公示。第三，组织环保专业会议，邀请相关部委领导进行政策解读，邀请相关研究院所的专家开展技术交流活动，邀请先进企业进行经验介绍，进一步将先进、适用技术推广到全行业。

通过上述工作，在钢铁行业掀起了超低排放治理的热潮。目前，钢铁企业焦炉、烧结等烟气脱硫脱硝除尘成为标配；料厂、料堆、料仓及物料转运等颗粒物逸散点普遍得到密闭密封；清洁运输改造和铁路专用线建设加速，大气污染防治重点区域轧钢用的煤气发生炉普遍被天然气替代，焦炉和高炉煤气精脱硫等新技术研发持续加速，钢铁企业环保意识和环境管理水平大幅提升，面貌大为改观。

（四）加强数据统计和信息服务，助力行业绿色低碳发展

加强节能环保数据年报、月报统计，为超低排放治理和降减排工作提供数据支撑。钢协不断加强节能环保统计，加强数据采集、审核、汇总、

上报等全流程质量控制，确保数据真实、及时、准确。同时，努力扩大统计范围、增加统计企业家数，进一步提高行业统计数据的代表性。2022 年完成《钢铁工业企业环境保护统计月报》《2021 年环境保护统计年报》、国家统计局《钢铁企业温室气体相关情况》等专项统计工作，统计家数和统计质量均比上年有所提高。组织开展 2021 年度工序环保运行费用统计交流工作，为会员企业开展环保运行成本对标和评估超低排放改造提供数据服务。

突出信息服务重点、丰富信息服务内容、提高信息服务质量。进一步明晰信息工作定位，突出信息采集和发布的重点。把会员企业生产、经营、节能、环保等综合类信息作为信息采集的重点。组织各会员单位的信息员多报信息、报好信息。进一步做好信息分类，优化钢协网站、《钢铁信息》等各信息发布渠道的栏目设置，突出重点信息的发布，聚焦超低排放、"双碳"目标、EPD 平台首发等专题信息的集合性。

四、加大资金投入，掀起污染治理新高潮

2022 年期间，广大钢铁企业加大资金投入，钢铁企业环境管理水平大幅提升。

2022 年，宝武集团武钢公司投资 37.3 亿元，实施了运二 B 区料场环保改造，炼铁厂 6、7 号高炉热风炉增设烟气脱硫设施，7 号高炉环保提升大修改造等项目；宝钢湛江投资 3.7 亿元，实施了 3 号高炉热风炉增设烟气脱硫、1、2 号烧结机机头电除尘提效适应性改造等项目；宝钢梅山钢铁投资 16.7 亿元，实施了焦炉煤气深度脱硫改造、5 号高炉热风炉烟气脱硫等项目；八一钢铁投资 3.98 亿元，实施了原料分厂焦炭露天料场封闭项目、焦化分厂氨分解炉超低排放改造、烧结机机头烟气超低排放改造等项目。新余钢铁投资 5.2 亿元，完成 6 米焦炉超低排放改造等项目；鄂城钢铁投资 2.3 亿元，实施了原料场封闭、炼铁炉顶休风治理等项目；韶钢松山投资 2.5 亿元，实施了露天煤场筒仓工艺技术改造，5、6 号烧结机除尘改造等项目；马钢投资 15.8 亿元，实施了港务原料总厂无组织排放综合治理改造、南区焦炉煤气精脱硫、四钢轧炼钢区域环保系统治理改造等项目；太钢投资 5.4 亿元，实施了焦化厂焦炉烟气脱硫脱硝系统提标改造、烧结烟气超超低排放改造等项目。武钢昆钢投资 16.9 亿元，实施了料场大棚封闭，安宁基地二期烧结区域除尘、脱硫脱硝，安宁基地 300 平方米烧结机烟气系统深度除尘及

SCR 超低排放技改等项目。

鞍钢投资 4.8 亿元，实施了炼铁总厂 1 号烧结机烟气脱硫脱硝超低改造、鲅鱼圈炼铁部 2 号高炉出铁场除尘升级改造等项目；攀钢集团西昌钢钒有限公司投资 6 亿元，实施了焦化化产 VOCs 治理、皮带通廊全封闭等项目；攀钢钢钒投资 8116 万元，实施了炼钢厂 6、7 号转炉除尘系统改造，焦炉节能环保改造，炼铁厂新 1 号烧结机烟气脱硝改造等项目。

首钢集团投资 10.6 亿元，实施了迁钢热风炉烟气脱硝、迁钢加热炉烟气脱硝、迁钢套筒窑烟气脱硝、迁钢白灰窑烟气脱硝、京唐 1-3 号高炉增设热风炉脱硝、京唐炼钢部 1-5 号套筒窑脱硝、京唐钢轧 6-7 号套筒窑脱硝等项目。首钢长治钢铁公司投资 2.2 亿元，实施了焦化厂焦炉除尘系统升级改造、焦化厂化产区域 VOCs 处理系统升级改造、H 型钢加热炉烟气脱硫、炼铁厂烧结混料室烟筒粉尘治理等项目。

北京建龙投资 19.6 亿元，实施了抚顺新钢铁机械化环保料场治理、吉林建龙 120 万吨/年焦化煤场封闭改造、黑龙江建龙炼钢厂新建三次除尘、黑龙江建龙脱硫废液及硫泡沫制酸、承德建龙 265 平方米烧结烟气循环工程、建龙西钢带式焙烧烟气脱硫脱硝超低排放改造等项目。

河钢邯钢投资 3.4 亿元，实施了 360 平方米烧结烟气脱硫脱硝改造、原料系统和炼钢运料皮带进行环保提升治理等项目；河钢承钢投资 5.4 亿元，实施了 260 吨锅炉烟气超低排放治理、主厂区锅炉烟气超低排放治理、板带系统颗粒物超低排放治理等项目；河钢舞钢投资 3.9 亿元，实施了炼铁厂超低排放改造，炼钢厂超低排放改造，一轧钢厂加热炉、均热炉烟气脱硫脱硝改造等项目；河钢乐亭投资 3.6 亿元，实施了热风炉、加热炉烟气脱硝治理 BOT 工程，高炉休风煤气净化回收改造及煤粉制备烟气配套建设脱硫脱硝设施 EPC 总承包工程等项目。

天津铁厂投资 17.3 亿元，实施了料场北侧转运站新建除尘器、高炉新建制粉增配除尘、高线二线加热炉新建脱硫脱硝等项目；天津钢管公司投资 2.1 亿元，实施了烧结工序、炼钢工序和轧管工序颗粒物无组织排放深度治理项目。

南京钢铁投资 11.1 亿元，实施了原料厂 C2 大棚封闭、水渣管式皮带封闭、钢渣有压热焖、一炼钢干法除尘器、板材塑烧板除尘器等 48 个环境治理项目。

河北普阳钢铁投资 9.24 亿元，实施了 265 平方米烧结机机头废气除尘、脱硫、脱硝深度治理等项目。

湖南华菱涟源投资 7.7 亿元,实施了 210 吨转炉厂精炼炉除尘改造、280 平方米烧结机机头全烟气脱硫脱硝改造、焦化厂酚氰废水预处理废气收集治理、4.3 米级焦炉环保升级改造、工业固废贮存场整治等项目。

大冶特钢投资 7.1 亿元,实施了高炉精脱硫、焦炉煤气精脱硫、转炉电除尘超低改造、265 平方米烧结机机头电除尘提标改造、炼铁厂无组织排放深度治理、轧机除尘超低排放改造、电炉烟气散排综合治理等项目。

福建三钢投资 5.1 亿元,实施了二炼焦烟气治理、3 号焦炉烟气脱硫脱硝、3 号焦炉焦炉煤气脱硫、3 号焦炉装煤推焦除尘、3 号焦炉干熄焦环境除尘、3 号焦炉脱酚废水处理等项目。

福建三宝集团投资 4.2 亿元,实施了烧结环境除尘超低排放升级改造、料场棚化改造、大包回转除尘改造、脱硫技术升级改造、厂区生态园林改造等项目。

安钢集团投资 4.8 亿元,完成动力厂 7-11 号燃气锅炉烟气深度脱硫脱硝改造、高炉热风炉废气脱硫脱硝、1 号加压站进站高炉煤气精脱硫、焦化厂焦炉烟道气脱硫脱硝装置扩容改造、一炼轧炼钢区域水清洁治理、炼铁厂高炉均压煤气全回收等项目。

广西柳钢投资 4.0 亿元,实施了焦化 3 条产线（一、四、五）回收系统 VOCs 治理,1 号 360 平方米烧结烟气 SCR 脱硝治理,焦炉机侧超低排放除尘技术研究与应用等项目;广西钢铁集团投资 8.2 亿元,实施了防城港钢铁基地项目焦化系统 1-4 号焦炉烟道气脱硫脱硝工程、原料场 1 号煤棚封闭等项目。

天津荣程投资 3.6 亿元,实施了 4 号高炉低碳升级改造项目配套环保治理、低碳环保智能燃料筒仓等项目。

东北特钢投资 3.6 亿元,实施了烧结机机头脱硫除尘、烧结机机尾、成品整粒除尘、大电炉及配套精炼炉除尘改造、1 号电炉及配套精炼炉除尘改造等项目。

包钢集团投资 3.1 亿元,实施了炼铁厂高炉区域 10 套除尘器改造及无组织治理、炼铁厂原料作业部、白灰作业部 6 套除尘器提标改造及无组织治理、炼钢厂 C1-C9 除尘器和麦窑除尘器二次除尘、金属制造球团带式焙烧机环境除尘提标改造等项目。

江苏永钢投资 3 亿元,实施了烧结分厂二期 450 平方米电除尘器改造、炼钢厂石灰车间超低排放改造、污水处理厂移地改造、炼铁厂球团车间脱硫废液处理等项目。

山钢集团莱芜分公司投资 3.2 亿元，实施了棒材厂一、二轧生产线加热炉烟气脱硫改造，炼铁厂 3200 立方米、1880 立方米高炉热风炉烟气脱硫改造，焦化厂 3 号干熄焦装入装置无组织治理改造，特钢事业部中棒车间两座加热炉烟气脱硫改造等项目。

阳春新钢铁投资 3.1 亿元，实施了原料场封闭、露天皮带通廊封闭、翻车机干雾抑尘等项目。

宁波钢铁投资 2.2 亿元，实施了原料场绿色智能改造、新建干熄焦汽车受料系统技术改造、炼钢厂石灰区域超低排放综合整治、炼钢厂脱硫及除尘系统综合改造、炼铁厂 2 号高炉矿焦槽扬尘落料改造、焦化厂圆形料场及皮带通廊无组织排放治理等项目。

方大特钢投资 2.2 亿元，实施了 2 台烧结机烟气超低排放改造、轧钢厂加热炉烟气超低排放改造、焦化厂新增煤气脱硫、动力厂 3 号热电锅炉脱硝改造、高炉均压煤气超低排放改造、炼钢厂废钢堆场封闭改造等项目。

江西萍钢投资 2.1 亿元，实施了高炉出铁场及矿槽除尘提标改造、转炉二次除尘提标改、炼铁厂老区原料焦丁筛分区域棚化、老区烧结烟气超低（脱硝）排放技术改造、炼铁厂 1 号机头除尘大修改造、炼铁厂新区 3 号高炉出铁场除尘超低排放改造、轧钢厂高线除尘改造等项目。

凌钢集团投资 1.9 亿元，实施了原料厂渣场除尘器改造、1 号麦尔兹窑烟气系统除尘改造、1 号烧结机混料系统环境治理、一钢 1 号 120 吨转炉环境治理、二轧厂中宽带轧机烟尘治理、焦化厂干熄焦除尘系统改造、焦化厂运焦除尘超低排放改造等项目。

酒钢集团投资 1.8 亿元，实施了焦化厂 5、6 号焦炉化产系统逸散气治理，5、6 号焦炉干熄焦环境除尘烟气超低排放改造，焦化厂 3、4 号焦炉干熄焦环境除尘烟气治理，3、4 号焦炉烟气脱硫脱硝治理，不锈钢分公司配料广场及垫罐区域超低排放改造等项目。

济源钢铁投资 1.8 亿元，实施了热风炉烟气二氧化硫深度治理工程、1 号烧结机环保设施升级改造、加热炉烟气二氧化硫深度治理工程等项目。2022 年太阳能光伏发电工程，装机容量 7.5 兆瓦，年发电 850 万千瓦时，实现节能 1044 吨标准煤。

陕钢集团投资 1.6 亿元，实施了龙钢公司工业站卸料场封闭，龙钢公司

3、4 号高炉热风炉烟气治理，汉钢公司中和料场焦炭地仓封闭，汉钢公司钢渣堆放场地封闭，汉钢公司 1 号炉前除尘能力提升改造等项目。

衢州元立投资 1.6 亿元，实施了 300 平方米烧结机脱硝超低改造、450 平方米烧结机脱硝超低改造、一期焦炭地面干熄焦超低改造等项目。

（本章撰写人：李保军，中国钢铁工业协会）

第18章
2022 年钢铁行业智能制造及两化融合发展情况

2022 年钢铁行业智能制造及两化融合平稳较快发展，从基础建设情况看，智能制造及两化融合相关设备设施的建设规模、资金投入逐年递增，但仅有 21%的企业在该领域的资金投入占其营业收入比例超过 1%。2022 年钢铁行业智能制造及两化融合发展的特点可以归纳为以下三个方面：第一，生产计划、质量、物料、仓储、设备等车间级制造执行系统已基本普及；第二，500 万吨规模以上的企业大部分实现了管控衔接、产销一体和业财无缝；第三，钢铁企业正在利用信息技术手段推动上下游行业信息共享，进一步促进产业链整体综合降本增效。

一、钢铁行业信息化基本情况

综合钢铁企业的产能规模、装备技术升级、生产模式创新、数智化应用水平等方面，目前可将行业数智化情况大体划分为三个梯队，其中第一梯队属于领先企业，处于领跑位置，通过不断开展新技术创新应用，涌现了多项行业标杆。从实践经验看，企业非常重视整体规划，扎实推进，大力投入，两化融合应用覆盖广度和深度都非常优秀。第二梯队属于优秀企业，紧随其后，积极借鉴标杆企业优秀案例，加快企业两化融合整体规划和顶层设计，持续投入，快速提升，总体表现为局部产线装备先进，数字化、智能化水平优秀。第三梯队属于一般企业，通常受限于产品结构和生产运营管理特点，整体智能制造和两化融合水平存在较大差距，尤其缺乏顶层设计和整体规划，智能制造与两化融合提升路径不清晰，进程缓慢。

从基础建设方面看，随着近几年产线集中、智能化和 5G＋物联网技术应用逐渐普及，相关设备设施的建设规模也在逐年增长，资金投入呈逐年递增趋势，年递增达 20%，但仅有 21.3% 的企业智能制造及两化融合资金投入占其营业收入比例超过 1%。目前，钢铁行业数智化资金投入约 30.1 元/吨钢，其中第一梯队平均 33.7 元/吨钢，第二梯队平均 29.1 元/吨钢，第三梯队平均 7.3 元/吨钢。同时企业对智能制造和两化融合的认识不断加深，两化融合人才队伍也得到了增强，统计企业中，89.4% 的企业已将智能制造及两化融合的发展战略融入企业的总体发展进程中，并且定期对规划内容进行滚动调整和优化。企业在网络安全、信息安全、应急预案等方面的机制和手段基本健全；大部分企业不同程度开展了数据治理工作，包括引入数据治理工具、数据入湖和集中统一治理等方面，但信息系统的灾备基础较为薄弱。

从单项应用方面看，随着钢铁行业企业对两化融合和智能制造的认识不断加强，覆盖生产计划、质量、物料、仓储、设备等领域的车间级制造执行系统已基本普及，但仍有 6.4% 的企业在基础自动化方面存在信息孤岛现象。工业机器人应用已成为钢铁行业的普遍共识，其中，统计企业的机器人（含无人化装备）应用平均密度达 36 台（套）/万人。信息技术在能源管理、环保监测、安全管控、物流仓储、设备监控、生产过程优化等过程的应用创新场景大幅增加，生产流程的整体自动化和信息化水平显著提升。经营管理方面，内部供应链管理涉及采购管理、公司层面生产及质量管理、销售管理等信息系统已基本建成，但局部业务覆盖不足。

从综合集成方面看，500 万吨规模以上的企业大部分实现了管控衔接、产销一体和业财无缝，但在自动排产比例等局部业务领域的系统衔接、数据共享方面尚待进一步提高。随着企业一体化运营管理的逐步加深，对精细化要求越来越高，越来越多的企业逐步实现业务与财务的无缝衔接，但在局部业务领域的系统衔接、数据共享方面尚待进一步提高。建设智能工厂和智能集控中心正在成为新趋势，统计企业中有 48.9%、78.7% 的企业建设了智能工厂、智能集控中心。

从协同创新方面看，钢铁企业的运营模式正逐渐从生产制造型向生态服务型转变，越来越多的企业加大力度构建上下游客商高效紧密衔接的生态圈，并利用信息技术手段实现信息共享，进一步促进了钢铁企业及产业链综合降本增效。同时，企业在制造服务化方面持续发力，制造、服务全周期管控方面两化融合应用程度持续提升；工业互联网平台建设与应用达到新高度；大数据及人工智能技术应用越来越广泛。

二、钢铁企业积极落实国家智能制造及两化融合规划

随着 5G、云计算、大数据、人工智能、工业互联网等新一代信息技术与钢铁生产运营业务的快速融合，钢铁行业数字化、网络化、智能化转型的步伐逐渐加快，孕育了钢铁产业变革新动能。2022 年期间，各钢铁企业围绕智能制造及两化融合规划，开展了大量工作。

（一）中国宝武

数智化转型赋能全面提升。深化生态圈统一信息基础设施建设，宝之云优化完成全国布局，工业互联网平台宝联登全面升级，大数据中心平台建设和应用全面提速，有效支撑了"三重智慧"建设。智慧制造向 One Mill 和极致效率加速发展，近千名宝罗快速上岗。智慧服务加速向数据驱动的平台化服务模式演进，宝武智维云、欧冶云商生态运营平台、欧冶工业品欧贝平台入选上海市服务型制造示范平台，宝武数科公司挂牌成立。以全球司库、大数据审计、办公 OA4.0 为代表的一批系统重构，实现了寓管理于共享服务、数字赋能的穿透式监督，智慧治理能力稳步进阶。

1. 太钢集团

加速补齐"四个一律"短板，太原基地完成"1+6"智慧化集控项目建设，85%的主流程工序完成了智慧化集控；太原基地与宁波宝新远程运维指数超过 50%，太原基地物流平台指数显著提升；新增投运工业机器人 102 台；岚县矿业智控中心项目、浮选专家系统、精矿粉堆取料机远程操作、无人值守磅房自动计量系统建成投用。大力推进"三跨融合"，完成集团公司内专业服务平台全覆盖，实现与部分战略客户的信息互通及不锈钢产品数字交付；支撑"一总部多基地"平台化运行的 12 套信息系统上线运行，提升了管理效率；基于 iPlat 平台的智能产线上线运行，提高了现场作业效率。在现有智能车间基础上，开展智能冷轧"工业大脑"示范探索与实践，推动生产由依赖经验向智慧驱动转变。

2. 新钢集团

新钢聚焦发展短板弱项，紧盯行业发展前沿，高位推动"数智新钢"

建设。编制了《数字化转型五年规划和三年行动计划》。建成企业云平台、产销质财一体化系统、平安新钢视频系统以及综合料场、焦炉、高炉、炼钢、硅钢、公辅、远程运维等区域集控中心 8 个，覆盖生产管控、营销服务、质量管理、财务核算等业务流程。启动厚板线集控改造、热轧线智能工厂、新钢新材四期 MES 系统、总降智能化改造一期、工程项目管理系统、铁前 MES 二期等智能制造项目 27 个，涉及相关投入近 3.5 亿元。聚焦管理重点、难点、痛点问题，以流程优化为驱动，提出"一切业务数字化、一切数字业务化"智能管控流程目标，业务上线率由不到 30%提升至 87%。新钢热轧卷板产线被工信部等国家四部委授予"智能制造示范工厂"。

（二）鞍钢集团

聚焦"产业数字化、数字产业化、数据价值化"，累计 41 条产线完成智能化改造建设。召开了第三届数字鞍钢现场推进会，发布了智慧指数评价体系，举办了首期"数字化人才培养"培训班。亮相全球工业互联网大会，发布 3 项创新成果，5G 智慧炼钢场景广受好评。启动集团监管指标数据入湖、治理及分析展示工作，深挖数据价值。钢铁产业一体化经营与制造管理系统成功移植本钢，鲅鱼圈分公司、西昌钢钒、鞍钢矿业建成数智管控中心，本钢积极推进无人行车、工业机器人等应用。鞍钢集团 30 个项目获评国家部委、行业协会试点示范，发布 3 项智能制造行业标准。圆满完成"护网 2022"网络攻防实战演习，受到公安部通报表扬。

1. 攀钢集团有限公司

抓紧落实信息化发展规划纲要，累计完成 22 条产线智能化建设，3D 岗位换人率达到 33%，较上年提升 20 个百分点。西昌钢钒钢铁智能制造示范基地基本建成，星云智联海星工业互联网平台入选工业和信息化部试点示范名单，矿业公司 5G+远程采矿项目被评为全球移动通信系统协会试点示范项目。

2. 本钢集团有限公司

有序推进"数字本钢"战略，"国资监管、集团监督、管控共享"3 类38 项信息系统建设完成了 30 项，板材基地一体化信息管控系统及配套支撑项目、高炉智能管理系统、日清日结系统、三冷无人行车系统投入运行，主产线 MES 系统覆盖率实现 100%，3D 岗位机器人换人率实现 7%，快速推进铁前集控、能源集控系统建设。

（三）首钢集团

数字化转型逐步深入。在财务一体化深度应用的基础上，推进税务一键申报，线上申报率最高达91%。深化薪酬等数据治理，建设人力资源盘点模块，为人工费预算等专项业务提供支撑。顺义冷轧"灯塔工厂"一期项目主体功能上线，京唐无人仓储及智能物流管控改造项目完成软件系统开发。

（四）沙钢集团

坚持"总体规划、分步实施、以点带面、效益驱动"的原则，加快推进企业"四化"建设步伐。集团业财一体化系统已上线运行，沙钢有限公司拥有1个国家级智能示范生产基地，1个省级智能制造示范工厂，8个省级智能示范车间，2个苏州市级智能工厂，9个苏州市级智能示范车间，4个张家港市级智能示范车间；淮钢特钢拥有1个省级智能制造示范工厂，2个省级智能制造示范车间，并成为淮安市首家通过国家两化融合管理体系AAA级认证的企业。

（五）河钢集团

不断优化完善自主建设的数字化平台，营销、物流、采购业务实现全流程线上运行管控，实现了主要业务的数据分析。加速信息化、模型化到智能化的迭代升级，推动智能制造三年行动方案落地实施，关键工艺模型开发应用、智能制造示范产线建设进展顺利。唐钢、石钢、承德钒钛、河钢矿业等4个工厂、5个场景入选工业和信息化部智能制造示范工厂和优秀场景。石钢入选国家首批"数字领航企业"名单。

（六）中信泰富特钢集团

深入践行数智引领，智能工厂卓有成效，智能制造数字化转型提档升级。兴澄特钢完成特钢行业首个全流程"铁钢轧一体化"数字孪生工厂建设，成功亮相2022年世界人工智能大会；基于工业互联网自主创新研发的"高品质特殊钢智能轧制过程控制系统创新应用"项目获金砖国家工业创新大赛智能制造三等奖；"云边端"一体化"管控操"全流程信息安全体系入选钢协冶金管理创新成果一等奖；"钢资产流转的全过程数字化平台"荣获全国首个区块链信息服务备案钢铁企业。大冶特钢460毫米钢管集控及精益数字化平台上线投用，在国内首次实现钢管机组现场无人轧钢、轧线全过程物料跟踪、生产工艺数据匹配到每支钢管，荣获工业和信息化部

"2022 年度智能制造试点示范行动"。青岛特钢优特钢高速线材获评工业和信息化部"智能工厂";"高速优特钢线材智能立体仓库项目"获评 2022 年钢铁行业智能制造优秀解决方案。铜陵特材焦化数智中心全面投用,炼焦智能工厂荣获省级"智能工厂"。财务共享中心项目全面上线运行,"特钢云商"和"管通天下"项目稳步推进。

(七)湖南钢铁集团

着眼"四化"转型升级,快速高效推进技术装备大型化、数字化、智能化等重点技改项目。湘钢烧结机环保及提质改造项目、涟钢 4.3 米焦炉环保升级改造工程、衡钢炼钢提质增效项目(一期)、VAMA 汽车板二期等重点项目按期建成投运。5G＋AI＋现场产线应用场景落地项目稳步推进,湘钢"棒材表面质检"获评工业和信息化部国家优秀智能制造场景;涟钢 5G＋AI 钢铁表面检测系统入选 2022 年数字湖南十大应用场景建设典型案例;衡钢炼钢厂、340 厂集控系统智能化改造等项目投产使用,并获评湖南省绿色制造体系示范单位。

(八)建龙钢铁集团

在数智化转型委员会的组织下,积极推进数字化智能化重点项目建设等工作,推动实现数字赋能、智慧赋能。一是优化完善集团组织架构、夯实数字化基础。集团数字化系统架构、数据架构、基础设施架构、信息化组织机构和运行机制陆续确定并应用,系统责任、业务责任和数据分工责任得到落实,权责边界逐步清晰;基础设施,大数据平台、集团公有云和私有云架构、数据中心升级改造、网络安全评估模型搭建等工作有序开展。二是重点数智化转型项目陆续交付,业财融合走向深入。日成本效益核算系统首次在山西建龙上线并稳定运行,并在内蒙古建龙快速复制;资金系统实现集团全覆盖,与 11 家银行建立银企直联和收票直联,融资管理业务实现全方位的实时信息共享,资金管理全流程基本实现数字化;税务云平台首次在 15 家子公司上线,实现了对发票全生命周期的线上管理;贸易系统在天津建龙下属 9 家贸易公司上线运行,集采业务、风险管控、数据穿透、业财融合得到加强。三是各子公司系统性推进智能制造工作,效果显著。承德建龙 258 热轧无缝钢管生产线首次研发了无缝钢管逐支跟踪系统,物料逐支跟踪准确率达到 98.2%,获评"2022 年智能制造标杆企业";建龙西钢与中钢安环院合作建设了数字化安全风险智慧管控平台,实现了生产区域安全风险智慧管控；建龙阿钢基于无富枪模式的一键炼钢技术，实现了吹炼过程自动运行；山西建龙联合华北理工大学共同开发了全方位智能配矿系统，预测精度达 80% 以上；吉林建龙 150 万吨焦化集中智能管控、宁夏建龙棒材智慧驾驶舱等项目有序推进。

三、47 项钢铁企业信息化自动化成果荣获行业管理现代化创新成果奖

2022 年，荣获中国钢铁工业协会、中国金属学会冶金科学技术奖共计 47 项（表 18-1），其中：冶金科学技术奖一等 11 项、二等 11 项、三等 25 项。

表 18-1　第二十一届（2022 年）冶金企业管理现代化创新成果名单

项目名称	完成单位	创造人	等级
基于数字孪生的一体化运营管理	南京钢铁股份有限公司	黄一新、徐晓春、王芳、王润泽、何鸿福、唐运章、林锦斌、汝金同、王长华、郑有志、许尔虎、刘勇、田昊、于彩文、邓中涛	一
基于"5G＋工业互联网"的智能工厂建设	南京钢铁股份有限公司	黄一新、祝瑞荣、姚永宽、王芳、谯明亮、费焜、李强、滕达、曹涛、李小亮、杨满忠、张海、宋苏峰、李琦、邓中涛	一
远程智能设备健康管理新模式	宝武装备智能科技有限公司	孔祥宏、刘宁、杨兴亮、许寿华、程本俊、严开龙、王建宇、杜克飞、王石、王浩、朱献忠、龚敬群、陆志锋、刘峰、杨天峰	一
基于远程集控管理模式的智慧发电集控中心在钢铁企业的实践与创新	宁波钢铁有限公司	徐德坤、白宗正、殷青云、郭辉、刘涛、禹金龙	一
基于电子商务平台的智慧营销管理	南京钢铁股份有限公司	黄一新、祝瑞荣、林国强、王芳、谯明亮、张秋生、孙茂杰、李强、朱定华、田昊、武祥斌、丁春晖、邓中涛	一
钢材产品碳排放高效精准化计算系统的探索与开发	山西太钢不锈钢股份有限公司	张志君、郝卫强、李成忠、吴志强、郑慧	一
基于数字化转型的期现风险管理体系建设	南京钢铁股份有限公司	黄一新、祝瑞荣、姚永宽、徐林、楚觉非、林国强、谯明亮、唐睿、耿浩博、张华国、朱豪、苏欣	一

续表 18-1

项目名称	完成单位	创造人	等级
基于"流程＋数字化"的全流程质量智能管控	江苏永钢集团有限公司	屈小波、陈远清、黄伟、陈海军、杜成栋、刘洋、王苏宁、仇宇佳、王鲁义、施嘉凯	一
开放式协同创新研发平台的建设与运行	首钢集团有限公司	章军、姜永文、杨建炜、刘斌、李春光、张玮、崔阳、谢晨磊、肖宝亮、王志鹏、曹建平、袁辉、刘洪松、柳威力、王斌	一
大型集团化企业"云边端"一体化"管控操"全流程信息安全体系探索与实践	中信泰富特钢集团股份有限公司	钱刚、李国忠、顾国明、白先送、戴海涛、查震宇、赵慧中玉、贺佳、钱勇、叶红良、薛继青、徐侃、郑松	一
基于大数据管理构建中碳钢内部质量控制模型	江阴兴澄特种钢铁有限公司	罗元东、孙广亿、孙步新、纪玉忠、白云、陈玉辉、徐伟明、宋延成、顾利超、邱文军、周斌、薛静波	一
数智化时代打造钢铁产业平台公司的探索与实践	昆明钢铁控股有限公司	王素琳、金志杰、张卫强、张海涛、周庆华、文玉清、李杰、罗英杰、杨锦文、李晓东	二
"一总部多基地"平台协同管理模式探索与实践	宝武集团中南钢铁有限公司	李世平、张文洋、赖晓敏、李怀东、邵林峰、赵仕清、朱兴安、程丁、郭利荣、万越	二
基于安防大数据的智慧园区管理	南京钢铁股份有限公司	黄一新、王芳、朱成、蒋旭、林锦斌、李福存、郑有志、汝金同、许葛彬、李甦静	二
基于产品一贯制的钢铁冶金数字化质量管理创新与应用	宁波钢铁有限公司	吴洪义、张保忠、李志伟、张博睿、柳晨岚、葛允宗、贾国军、周立达、周艳娟、杨锁兵	二
料场智能化管理系统的构建与实施	山东钢铁股份有限公司	张明、刘汉海、赵兴永、卢宝松、王丰巧、杨继刚、许海峰、张子元、穆南村、李南	二
智慧矿山建设的创新与实践	甘肃西沟矿业有限公司	阮强、白万明、魏东、张万生、程岱山、黄绍威、何继军、申建军、颜威山、任毅	二
以品种结构调整为目标的质量大数据管理平台的搭建与应用	河钢股份有限公司	咨章国、张彩东、刘毅、姚纪坛、王艳、张余亮、李睿、孙岩、赵宇、杨秀丽	二

续表 18-1

项目名称	完成单位	创造人	等级
主动健康智能管理服务平台	北京科技大学	阿孜古丽·吾拉木、张德政、许灏、肖成勇、苏彦波、栗辉、杨玲、谢永红、杨聚旺、赵虹	二
深入践行宝武智慧制造 2.0 的全面构建"一厂一中心"智控新模式	马钢（集团）控股有限公司	丁毅、任天宝、杨兴亮、杨凌珺、侯森林、张吾胜、余晔、张良城、陈立君、高鹏	二
大型企业打造员工培训云平台推动员工教育培训提档升级	内蒙古包钢钢联股份有限公司	刘瑞刚、冀鹏、张彦华、张鹏、齐紫茜、何伟、杜磊、董泽军、杨帆、高宇强	二
集装箱智能配箱模型及尾箱理论的设计与应用	宝山钢铁股份有限公司	刘琪、刘芳、贾树晋、丁文秀、黄剑峰、杨勇钢、庄逸逊、贺磊、张亚玲、孙岷	二
大型钢铁企业智慧运营一体化管控模式的构建	鞍钢股份有限公司	王义栋、李镇、赵庆涛、张国强、赵伟	三
全业务链数字一体化工业互联网平台	青岛特殊钢铁有限公司	王海波、张勤照、陈永林、朱剑、杨领芝	三
应用地理信息系统（GIS）智慧平台实现地矿资产高效管理	太原钢铁(集团)有限公司	张晓蕾、高万福、宫进选、赵钦、史济清	三
钢铁企业基于数字化的库存管控系统构建与实施	北京首钢股份有限公司	彭璇、井含文、李海明、谢天伟、董柏君	三
破除"孤岛思维"实现铁前深度互联与转型升级	江阴兴澄特种钢铁有限公司	张宏星、张建良、徐振庭、史志苗、陈龙智	三
基于工业互联网的铁前全流程管控模式实践	大冶特殊钢有限公司	程卫国、李枫、颜学勇、罗贤英、肖斌	三
铁区大数据平台应用实践	广东韶钢松山股份有限公司	陈生利、匡洪锋、邓晖、陈炯、刘立广	三
焦化行业全工序运行管控中心建设及高效管控实践	江苏沙钢集团有限公司	杨龙胜、谷啸、孙兵、邵仪先、王慎文	三
轧钢产线数字化对标平台创建与应用	河钢股份有限公司	许斌、杨振东、张超、田文波、李岚涛	三
产销一体化管控平台全流程按单生产直装效率的提升	唐山钢铁集团有限责任公司	李晓刚、盛琪、张宇惠、王欣、路辉	三
构建"三主线一核心"铁水智能高效管控体系的实践创新	阳春新钢铁有限责任公司	罗孟夏、李佐文、程祥、彭灿锋、丁治军	三

续表 18-1

项目名称	完成单位	创造人	等级
检化验智能自动化升级改造和质量验收制度创新	凌源钢铁集团有限责任公司	路丰、贾文军、孙广富、史艳军、宋正会	三
打通设备信息系统孤岛实现设备全生命周期管理	大冶特殊钢有限公司	程卫国、李辉、温静、罗正兰、尹礼忠	三
"标准化＋"赋能钢铁企业智慧运维提质增效	山信软件股份有限公司	张元福、司鹏、陈民、邓君堂、颜炳正	三
冶金矿山企业基于大数据技术的能源优化管理的实践与应用	鞍钢集团矿业有限公司	徐家富、刘嘉奇、刘栋、王赢博、刘永铁	三
5G 独立核心网构建及应用场景探索实践	宝钢湛江钢铁有限公司	陈云鹏、金再柯、吴凌放、张业建、龙剑群	三
水资源利用综合治理与智能化管控实践	陕西龙门钢铁有限责任公司	王建军、王明杰、田保军、张磊、王宁	三
一网管控数字孪生在钢铁企业调度管理中的创新应用	河北普阳钢铁有限公司	郭恩元、郭龙鑫、石跃强、高文彩、石现英	三
高新产品管理信息系统开发及应用	上海梅山钢铁股份有限公司	刘有云、覃剑、朱维香、罗丽敏、陈柳	三
基于设备状态在线监测实现预测性维护管理创新与实践	山西太钢不锈钢股份有限公司	靳鹏飞、卫永锋、侯全红、高诚、白文彦	三
基于智能规则引擎的供应链资产交易服务平台	山钢金融控股（深圳）有限公司	侯世杰、苏晓明、刘士豪、李晓宁、刘梦琪	三
基于生产过程信息化的岗位绩效考评体系构建与实施	鞍钢股份有限公司	王义栋、张红军、刘峻玮、杨生田、曹卫东	三
基于电商平台的大型钢铁企业供应商准入及评价系统的决策与实施	江苏沙钢集团有限公司	沈彬、施一新、王科、卢立华、张凤林	三
基于客户端口前移的厚锌层产品智慧生态圈构建	承德钢铁集团有限公司	耿立唐、张振全、王雷、李伟、陈国涛	三
基于钢铁产业大数据与市场分析应用的价格预测体系建设	北京建龙重工集团有限公司	王宝莉、许志彪	三

（本章撰写人：符鑫峰，中国钢铁工业协会；

杨宁，潍坊特钢集团有限公司；

宋彩群，北京首钢自动化信息技术有限公司；

宋涛，本钢集团有限公司；

李亚娜，鞍钢集团朝阳钢铁有限公司）